われら信濃川を愛する part2

朝

日が大河の水面を
輝かせる

信濃川フォトギャラリー

雪

景色が流れの美しさを際立たせる

信濃川フォトギャラリー

豊かな自然は季節によって
美しく姿を変える

● 信濃川フォトギャラリー

S字を越後平野に刻み 滔々と流れる

夕
日が大河を染め、佐渡に消える

政令市として新しい歴史を刻む新潟市。やがて大河は日本海へ

われら信濃川を愛する

Part 2

はじめに

平成十七年の十月に開講した「信濃川自由大学」。大河・信濃川の沿川市町村を回りながら公開講座を開催し、昨年七月には「われら信濃川を愛する」と題して、単行本を出版した。本書はその第二弾である。

パート1では、信濃川に関する「歴史」や「文化」といった、広い概念をテーマとしてそれぞれご専門のお立場からお話しいただいた。今回のパート2では長岡造形大学の豊口協理事長、新潟日報社の鈴木聖二編集委員にホストをお願いし、「火焔型土器」、「良寛」、「政令市・新潟」というように焦点を絞ったテーマで、それぞれご専門の方々をゲストにお迎えし、お話を伺った。

毎回、大変面白い対談となるのだが、特に佳境に入り熱を帯びてきた時が面白い。ゲストの方々の素顔がみえてくる。第一回の本間先生は、子どもの頃、年上のガキ大将に脅かされながら泳ぎを教わり泳げるようになったそうで、それを語る時の顔は、まさに少年の顔である。久住見附市長は、ボートの話になると話が止まらなくなる。本当に川や海が好きで好きでたまらないといった感じだった。「火焔型土器」は世界に誇れる新潟県の宝とお話しされた小林先生、土器を通して縄文人と対話しながら、縄文文化を解き明かしていることが分かる。長岡の蒼紫神社に集団で営巣をはじめたサギの追い出し作戦を考えた渡辺先生、一羽も殺傷せずに解決したいというサギへの深い愛情を感じるし、そのサギとの攻防戦のお話はどこかユーモラスさを感じてしまう。良寛さまをテーマにお話しいただいた井上先生、柔和な表情、軽妙な語り口でおられながら、時折、現代社会に向けた痛烈な批評も出てくる。政令市新潟の道筋をつけた長谷川前市長は、今も新潟市のファンクラブ会長といった趣だった。

パート2でも博学多才な専門家の方々から、信濃川に関するいろいろなお話をいただいた。「信濃川自由大学」を聴講していると、信濃川は悠久の昔から私たちの生活と密接につながっていることが分かる。川との共生なくして、人の営みはありえない。母なる信濃川と共に生き、子々孫々に至るまで継承することこそが、現代に生きるわれわれの使命だろう。

平成十九年二月

信濃川自由大学事務局

目次

カバー・口絵写真　弓納持福夫

ホスト紹介

昭和38年豊口デザイン研究所に入所、52年社長就任、そののち会長。この間昭和43年東京造形大学助教授、教授、技術センター所長を経て、昭和59年から平成4年同学長。平成6年長岡造形大学学長に就任、現在同理事長。ほかにGマーク審議委員会会長、大河津可動堰改築検討委員会委員など役職多数。昭和45年「大阪万国博覧会電気通信館」など。著書に「IDの世界」「Gデザイン・マークのすべて」など

豊口　協

toyoguchi ● kyou

新潟日報社編集委員。昭和29年石川県金沢市生まれ。昭和51年新潟日報社入社、本社報道部で経済・県政・新潟市市政記者クラブ、長岡・東京支社などで取材記者。その後報道部デスクなどを経て、平成18年から編集委員兼情報文化センター情報文化部長

鈴木聖二

suzuki ● seiji

地域とともに守りたい
川の豊かさ、美しさ

～多様な生物を育む母なる信濃川と私たちのくらし～

新潟大学名誉教授・農学博士。昭和5年新潟市生まれ。昭和25年から平成7年まで新潟大学理学部に勤務、助教授、教授などを歴任。その間県内水面漁場管理委員会で委員、会長として活躍。平成8年来河川水辺の国勢調査アドバイザー。ほかに各種の審議委員会で委員や会長を務める

本間義治

honma●yoshiharu

本間義治×豊口協

信濃川に息づく生命たち

豊口　今日、長岡技術科学大学の講義があり、信濃川の大河津分水の話をしました。三年生、四年生なのですが、大河津を知っている者は手を挙げるように言ったら、誰も手を挙げない。これはおかしいなと思ったら、地方から長岡へ来ている学生が非常に多いので、まだ行ったことがないようでした。そこで九十分たっぷり、信濃川と大河津分水の話をしたら驚いていました。話が終わったら私のところへ何人かやってきて「先生、これから行ってこようと思うのですけれども、どういうふうに行ったらいいのでしょうか」と聞かれました。ちょっと待ちなさい、信濃川河川事務所に伺って、オリエンテーションを受けて、地図をいただいて、ゆっくり行っていらっしゃい。川は消えません。川というのは永遠です。先人が造ってくれた川をこれからゆっくり見ていらっしゃいという話をしてまいりました。

火焔型土器を生んだのが信濃川、縄文時代をつくったのも信濃川。川と人間との歴史的関係が明らかにこの信濃川の越後の地域に展開されている、これは誇りだと思うのです。地球が生まれて四十七億年といいます。それから、生き物が生まれて四十数億年たっている。そして昆虫が生まれて三十五億年、人類は三百五十万年だということです。その三百五十万年前から人類は川と水と一緒に生き続けてきた、その証しがこの信濃川にあるのではないかという気がします。特に十日町の周辺というのは、オリジナルの魚が生まれ、生きていたところだと伺っています。本当に川とともに生まれ育ってきた魚たち、その原点である魚が十日町付近の信濃川に今でも生きているという話も伺いました。

信濃川と千曲川の接点のところ、志久見川から中津川、竜ケ窪と特長《とくなが》を履いて、川の生物を調べてまいりました。川の生産量というのは石に付くコケ、すなわち藍藻や珪藻から始まります。そして、そのようなコケを食べる水生昆虫、水生昆虫を食べる魚というようにして川の食物連鎖は成り立っているわけです。

本間

私が一番調べた川は、実は日本一長くて包蔵水量の最も多い信濃川ではなくて、阿賀野川でした。阿賀野川ではご存じのように新潟水俣病が発生いたしまして、一九六五年に公表されて以来、私どもは、企業側などの抵抗を受けながらも一九六八年八月から調査を始めました。源流は栃木県に近いところに始まる阿賀野川は新潟市に出口を持っておりますけれども、新潟県から発した支川の只見川を合わせて、また新潟市へ流れているわけです。源流域からずっと河口の沖まで調べました。そのようなことで、阿賀野川が一番詳しいわけですが、信濃川はとにかく大きくて分からないことが多いというのが実情です。

しかし、当時の建設省北陸地方建設局の依頼で、信濃川に魚が上りやすい川づくりという委員会の委員長を引き受けて、信濃川の源流域がある長野県の甲武信岳《こぶしだけ》の見えるところまで行って下り、つぶさに見聞いたしました。その際、これではいけないと思ったことが一つありました。私の研究で初めに手掛けた仕事が、一九五三年にサケ幼魚にホルモン処理をして陸封型をつくることでした。サクラマスは（サケの仲間で一番おいしい種類）、本マスとか春マスとか呼ばれ、その子どもや陸封型はヤマメとして川に残っている。また、イワナも海にいるのはアメマスといって大きく成長しますが、陸封されて川に残っている。サケはどうして全部海に下らなければだめなのだろう、何とか陸封できないだろうかというようなことを目指して仕事を始めたわけです。そして、それには甲状腺が関係しているのだということが分かったわけです。専門の話をすると長くなりますのでよしますけれども、サケは、七、八月までに海へ戻らなければ、海洋で育って川に戻ってくることができないのです。そのサケについて、現在、信濃川は非常に嘆かわしい状態です。後でも触れますが、川を利用するという利水関係や何やらで人工構築物も多くなって、サケが海から川に上って、そして子どもがまた海に下るような生活環がとれない状態になっている。延喜式という文書は当時の京都御所でしきたりを書き留めたもので、全十二巻からなっています。その中に、サケの「楚割《すやわり》」といって、冷蔵ができず塩があまり使えなかった時に、干物にして割いたものを京都御所へ献上した場所が記されていて、それは信濃の国と越後の国でした。ですから、今の川中島付近までサケが上って、産卵していたわけです。それが今はどうですか、本当に情けない状態になっている。

もう十五年も前になりましたが、私は新潟県の内水面漁場管理委員会の会長をずっとやっておりましたので、県内水面漁業組合連合会から頼まれて冊子を作りました。もう資料としては古くなりましたが、この報告書にはさっきお話ししたコケのことやら虫のことやら魚の生態、そして人工構築物の堰、妙見堰はもちろん、宮中えん堤から西大滝ダムとか、全部書いてあります。後でまたお話ししますが、新潟県で今捕れる魚は百二十五種、これにコウライモロコというのを加えると百二十六種です。実は信濃川下流河川事務所の手で調べてくれと言っても港湾区域は、赤と白の作業用の旗を立てて調べなければならず、難しいこともあって行われていません。そのような、河口から下流にかけては海の魚がいっぱい入っているので、もっともっと種類は多いのです。琵琶湖は日本で一番固有の淡水魚の種も多く、琵琶湖淀川水系で百種もみられますが、信濃川はそれに負けない在来種がいる。ところが、十日町付近の中流域に、皆さんどのくらい淡水魚がいると思いますか？　サケやサクラマスも加えて、二十五種も数えられたらいいところで、せいぜい三十種ぐらいのものです。信濃川に、こんなに多くの魚種がいるというのに一体どういうことなのかというと、この表に書いてあるように外来魚がいるわけです。外来魚というのは何も外国の魚ばかりではなくて、西日本の魚も外来魚に入ります。ご存じのように淡水魚というのは陸地を移動できませんから、糸

環境庁自然保護局野生生物課，1999（平成11年 2月18日）

汽水・淡水魚類のレッドリストの見直しについて

北陸地方のレッドリスト　汽水・淡水魚類

絶滅（Ｅｘ）extinct

絶滅危惧ＩＡ類（ＣＲ）critical endangered
ウシモツゴ
イタセンパラ

ＩＢ類（ＥＮ）endangered
ウケクチウグイ
シナイモツゴ
ゼニタナゴ
ホトケドジョウ

II類（ＶＵ）vulnerable
スナヤツメ
アカザ
メダカ
ウツセミカジカ

準絶滅危惧（ＮＴ）near threatened
タナゴ
シロウオ

情報不足（ＤＤ）data deficiency
イドミミズハゼ

絶滅のおそれのある地域個体群（ＬＰ）threatened local population
福島以南の陸封イトヨ類
東北地方のハナカジカ

北陸地方のレッドリスト淡水魚

表１　新潟県産淡水魚類（2005年３月現在）

1. スナヤツメ
2. カワヤツメ
3. アカエイ
4. *Acipenser* sp.
5. カラチョウザメ
○ 6. ロングノーズガー
7. ウナギ
8. サッパ
9. コノシロ
10. カタクチイワシ
11. コイ
● 12. ゲンゴロウブナ
13. ギンブナ
13' ナガブナ
13" キンブナ
13''' オオキンブナ
14. ヤリタナゴ
15. アカヒレタビラ
16. ゼニタナゴ
○ 17. タイリクバラタナゴ
○ 18. ハクレン
● 19. ワタカ
● 20. ハス
● 21. カワムツＢ
● 22. オイカワ
○ 23. ソウギョ
24. アブラハヤ
25. マルタ
26. ウケクチウグイ
27. エゾウグイ
28. ウグイ
29. モツゴ
30. シナイモツゴ
● 31. カワヒガイ
● 31' ビワヒガイ
32. タモロコ
● 33. ゼゼラ
34. カマツカ
● 35. ツチフキ
36. ニゴイ
● 37. スゴモロコ
○ 38. ラッド
○ 39. レッドコロソマ
40. ドジョウ
41. シマドジョウ
42. ホトケドジョウ
43. ギギ
○ 44. アメリカナマズ
45. ナマズ
46. アカザ
47. ゴンズイ
48. ワカサギ
49. アユ
○ 50. ブラウントラウト
○ 51. カワマス
52. アメマス
52' ニッコウイワナ
53. オショロコマ（沖合）
54. カラフトマス（沖合）
55. サケ
56. マスノスケ
57. ギンザケ
58. サクラマス・ヤマメ
58' サツキマス・アマゴ
○ 59. ニジマス
○ 60. ペリヤジ
61. コマイ
62. メダカ
63. サヨリ
64. ハマダツ
65. ダツ
66. イトヨ 降海型・陸封型
67. トミヨ
68. イバラトミヨ
69. メバル
70. クロソイ
71. マゴチ
72. カマキリ
73. カジカ
74. ウツセミカジカ
75. カンキョウカジカ
76. ハナカジカ
77. スズキ
78. シマイサキ
○ 79. ブルーギル
○ 80. オオクチバス
○ 81. コクチバス
82. シロギス
83. ブリ
84. マアジ
85. ヒイラギ
86. イサキ
87. クロダイ
88. シログチ
○ 89. ナイルティラピア
90. ボラ
91. セスジボラ
92. メナダ
93. トビヌメリ
94. シロウオ
95. ミミズハゼ
96. ドンコ？
97. スミウキゴリ
98. シマウキゴリ
99. ウキゴリ
100. ニクハゼ
101. ビリンゴ
102. ジュズカケハゼ
103. ウロハゼ
104. マハゼ
105. アシシロハゼ
106. ヒメハゼ
107. シマヨシノボリ
108. オオヨシノボリ
109. ルリヨシノボリ
110. クロヨシノボリ
111. トウヨシノボリ
112. シモフリシマハゼ
113. ヌマチチブ
114. チチブ
115. アカカマス
116. タチウオ
117. マサバ
○ 118. チョウセンブナ
○ 119. カムルチー
120. ヒラメ
121. ヌマガレイ
122．イシガレイ
123．シマウシノシタ
124. クロウシノシタ
125. クサフグ

●　西日本系の移植種および移植随伴種　　○　国外外来種

新潟県産淡水魚類

魚川にあるフォッサマグナ、この大地溝帯で西日本系の魚と東日本系の魚ときちんと分かれているのです。県内へ、何でこのように西日本の魚がいろいろ入ってくるのだろうか。さっきお話ししたコウライモロコもそうです。外来動物は今マングースとかアカミミガメが問題になっておりますが、これら外来動物と同様に琵琶湖のコアユを放流したことに伴って、琵琶湖から西日本系の魚が入ってきました。在来の魚ではないわけです。しかし、オイカワ（この辺ではヤマメといっているのか、ハヤといっているのか）にしろ、その他の魚もすっかり土地の魚になっている。その理由は昭和の初めに入ってきたからです。

それともう一つ、これらは西日本の魚ですから、すめるような環境条件さえあれば、うまくこの十日町付近でも育っていくわけです。ところが、国外の外来魚というのは、一つはアジア大陸から入ってきた。これらは日本の魚よりも社会構造は強い、というより、もともとの親社会の魚ですから、日本はその分派にすぎないのでこれらが入ってきたら一時は猛烈に繁殖します。タイワンリスやタイワンザルもそうだし、コウライキジだとか、本邦に入ってきたものはみんな大陸のものの方が強いわけです。そして、東日本まで西日本のいろいろな魚が入ってきただけではなくて、東洋系のもともと日本の親であるような社会構造のところの大型魚も入ってきて、一時はそれらがピラミッドの頂点に立って、猛威を振るったことがあります。一方、これは駆除しなければだめだというのが、アメリカ大陸から入ってきた魚です。ロングノーズ

豊口　ガーとか（ブラウントラウトはヨーロッパ）、アメリカナマズもしかりです。それから、ブルーギル、オオクチバス、コクチバス、いわゆるバス類です。これらはアジア大陸の魚と社会構造が全然違うアメリカ大陸、北米から中米、南米の新大陸のもので、そこの頂点に立つような魚です。こういう異質の魚が日本に入ってくると大変なことになるのです。猛威を振るうという程度のものではなくて、日本の魚類の社会構造を無視し、壊して、はびこるわけです。ですから、これは駆除しなければだめだということで、私も水産庁の会議に出席して、相手側のブラックバス釣りを守る立場の「日本釣漁連盟」と、侃々諤々《かんかんがくがく》と議論しました。魚沼出身の桜井《さくらい》新《しん》氏は全国内水面漁連会長（当時）でした。

本間　そういう魚が信濃川にいるのですか。

豊口　いるのです。

本間　その魚が、信濃川のオリジナルの魚を食べているというのは困ったものですね。

豊口　自分の体の二十五パーセントぐらいの大きさの餌までブラックバスの仲間は食べます。信濃川では現在でもサケが一万匹ぐらい遡上しています。卵を採って稚魚にして、また放流している。それも、こういう魚が食べているのですか。

本間　水温や活動の時期が違うので少しは救われています。ただ、コクチバスは困りもので、冷水温に適応できるのです。この種は大変なギャングです。大陸の魚で一番猛威を振るうのはライギョです。中国人がアメリカへ料理するのに持っていったのが増えて、アメリカでは逆に今困っているのです。そういう事例があるのです。だから、魚類の社会構造をよく考えて、移植ということを実施しないといけないのです。

豊口　信濃川も危機的な状態になっているということがよく分かりました。おそらくこのまま放っておくと、信濃川の魚に関する生態系も変わってくるだろうし、それ以前の虫の生態系も変わってくるのではないかという気がします。そういう変化に対していかにして在来魚を保護し、かつ、育てるかということだと思います。

本間　先ほどお話ししたフォッサマグナを境にして、富山県から西の方にはウシモツゴ、イタセンパラが分布する。ウシモツゴの対応種はシナイモツゴ、この魚は、十日町付近に一番多くて日本の名産地なのです。池や堤にいっぱいいるので、これは大切にしてほしいのです。そういうところへさっき言ったブラックバスを放したら、たちまち餌になって滅びてしまう。シナイモツゴはちゃんとレッドリストに載っている魚ですから、大切にしなければいけない。

ゼニタナゴというのは、もう見られなくなってしまいました。これは新潟のラグーン、何々潟と名前のついたところにたくさんいたのです。今は山形から東北にいます。それから、ホトケドジョウというのは長岡市の栖吉川の標本が模式産地となっており、明治時代、一九〇七年にアメリカの大学者が新種の記載をした魚で、今はこれも少なくなった。田んぼにたくさんいたのです。こういう危機的な状態なのだということを考えていただきたい。

豊口　それらの魚類は、昔の人は食べていたのですか。

本間　シナイモツゴもホトケドジョウも小さいから食べないですけれども、多くの魚は多少臭みがあっても食料としていたわけです。そういう習慣が、流通機構が良くなって、海の魚の新鮮なものが十日町でも津南へ行っても手に入るものだから、だんだんそっぽを向かれてきたのです。

以前、江戸時代に書かれた十日町市の文化財の第一号になった『越能山都登』を見せてもらいました。金沢千秋という検地役人の文に、亀井協従という人が絵を描いたものです。これはモノクロなのですが、十日町市文化財の第一号として非常に結構なことだと思います。

ところで、一九六〇年に東京水産大学、今の海洋大学の学生が卒業論文で、只見川に変わったウグイがいるということを記し、さらに一九六三年に図鑑の中に新種らしいと、学名をつけられないままに載せられていた魚があります。ようやく二〇〇〇年に若い研究者が私どもに発表させてほしいということで新種の記載がなされたのが、ウケクチウグイです。写真一番下のものは、海から上ってくるマルタウグイです。真ん中は普通の

ウグイ類
（上からウケクチウグイ、ウグイ、マルタウグイ）

ウグイでサクラバヤ、五月頃、婚姻色で真っ赤になるのです。両種とも上顎の方が下顎をかぶっているわけです。この顎に注目してほしい。ウケクチウグイというのは、下顎が突き出ているのです。ハプスブルク王家をご存じでしょう。ヨーロッパを一時広く席巻したことがあるオーストリアの王家です。歴代の王様の肖像画がコインなどにまで残っているので、ハプスブルクリップといって、下顎の突き出た遺伝形質というのは有名なのです。そういう形態を想像していいと思います。ところが、このウケクチウグイが『越能山都登』に明確に書かれていて、ホウナガと称しています。頬が長いウグイを昔の人はちゃんと区別していたわけです。古い中里村の新田に検地に来たわけですが、そのような昔から知られていたのに、学者が知らなかっただけなのです。

それでもう一つ、魚野川の支流の破間川《あぶるまがわ》まで捕れているのがエゾウグイという、婚姻色がはっきりしない種類ですが、尾の付け根が非常に太く、唇が厚い。これは北方系、北海道に多い種なのです。このような種も捕れています。ウグイ（方言ハヤ）といっ

ホウナガ（ウケクチウグイ）の写生図

エゾウグイ

ても、何種もいるわけです。それで、このウケクチウグイが『越能山都登』に描いてあるということを発見したのは『越後国産真図』という写本からです。これは昔は製版ができないし、印刷もできなかったから、全部原本を写したわけですが、この本も非常に立派な京都派の画家が描いて、原色なのです。その絵がすべて『越能山都登』と同じなのです。彩色されてきちんと描いてあります。下顎がちゃんと突き出

十日町市文化財の『越能山都登』

マツカサウオ

『越後国産真図』に載せられたヤマメとカジカ

アビ

カワヤツメ

て描かれています。大したものだと思います。絵の脇に産地まで書いてある。それらの絵の中に、先ほど私がふれたヤマメだとかカジカ、それから今はいなくなったカワヤツメが清津川まで上ってきたと記してあります。この動物も十日町まで上らせてあげたい種です。ヤツメは冬はうまいのですが、五月、六月になったら味が落ちて不味になります。金沢千秋は検地に来て、柏崎まで遊びに行ったらしく、図のようなマツカサウオ、これは「滝沢馬琴《たきざわばきん》」が佐渡の珍魚として、『烹雑記《にまぜのき》』の中に書いている魚です。それから、海鳥のアビも描いています。海まで遊びに行ったのでしょう。

晩年の松森胤保

山形県酒田市の光丘文庫（市立図書館）と
両羽博物図譜（山形県文化財）

『両羽博物図譜』に載せられたホウナガ

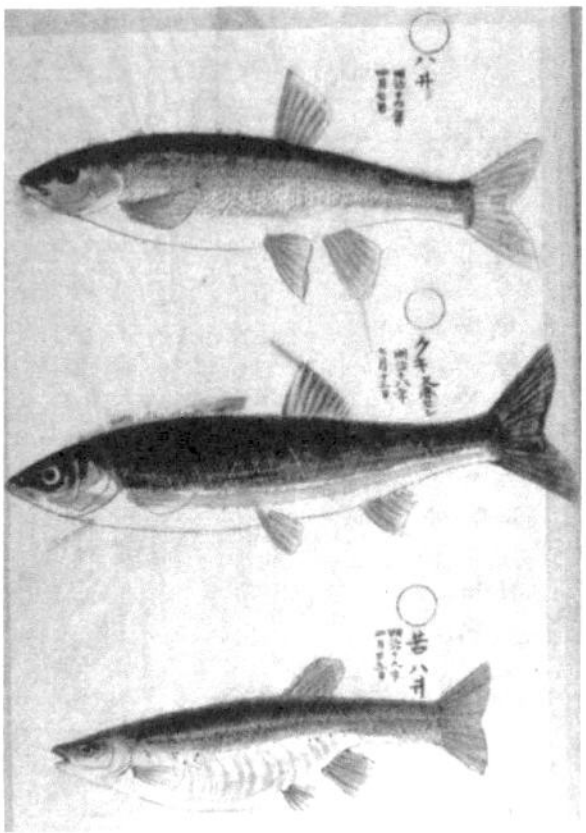

上からウグイ、クキ（マルタウグイ）、アブラハヤ

それと同じように明治に入ってからなのですが、山形の庄内藩の家老であった松森胤保《まつもりたねやす》という人が、印刷はしなかったわけですが、稿本として残したものがあります。初めは酒田の光丘文庫、私と同じ姓の本間様の創設です。そこは今は市立図書館になっていますが、そこにある百何十冊もの自分で描いた図鑑『両羽博物図譜』の中にホウナガが出ています。やっぱり区別していた。この図を見ると、ハヤ、すなわちウグイ、クキという海から上ってきたマルタ、アブラハヤまで区別している。そのほか、山形大学の先生が間違ってウグイとして出版していた写真も、下顎が突き出ているのでウケクチウグイです。実は昭和半ばの新聞記事を私はなくしてしまって申し訳ないのですが、八十何センチかのウグイが十日町では捕れているのです。それを

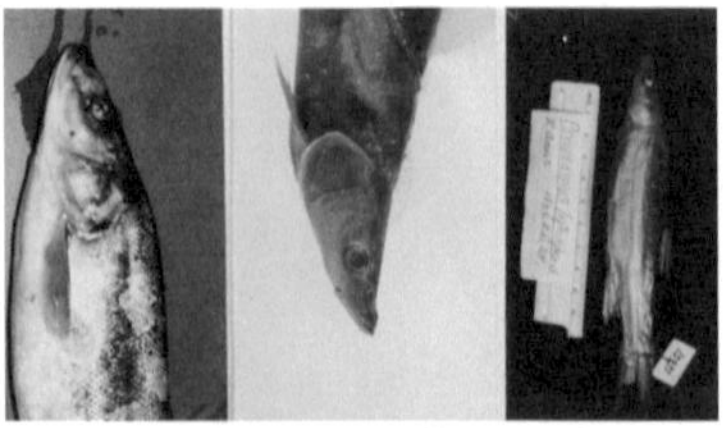

ウケクチウグイ（左）
とシュードアスピウス（中）

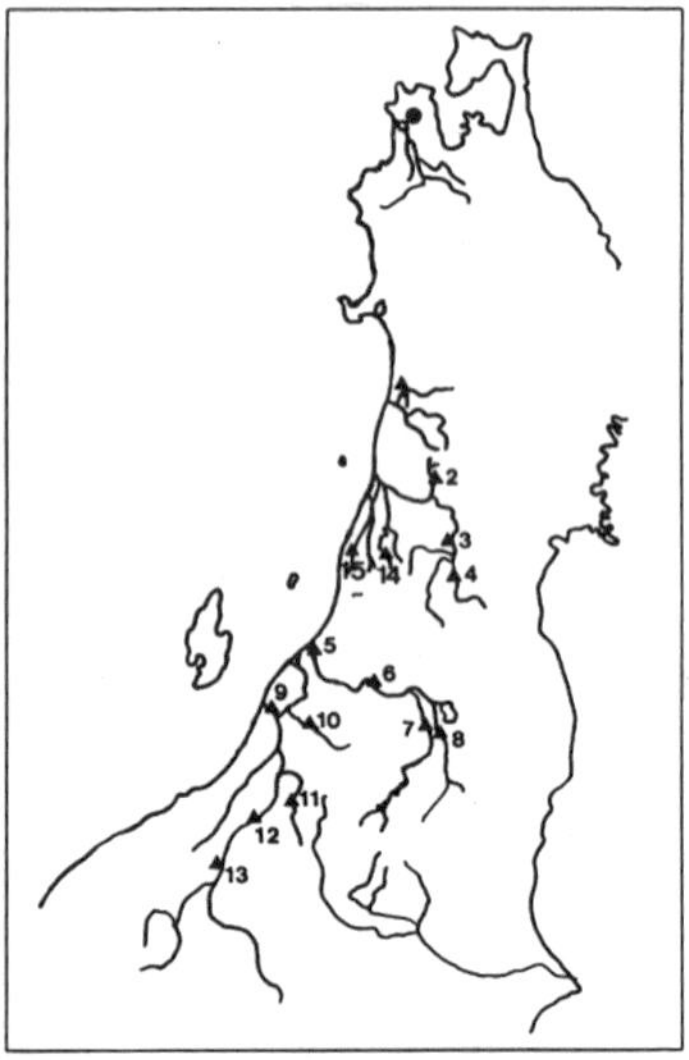

図４．ウケクチウグイの既知産地による分布図。１．子吉川支川芋川、２．最上川支川鮭川、３．最上川上流域、４．最上川上流域、５．阿賀野川河口付近、６．阿賀野川中流域、７．阿賀野川支川只見川、８．阿賀野川支川大川、９．信濃川大河津分水路、10．信濃川支川五十嵐川、11．信濃川支川魚野川、12．信濃川中流域、13．信濃川上流域千曲川。
●十三潟（ジュウサンウグイの模式産地）
14．最上川支川黒瀬川，15．赤川支川大戸川．

ウケクチウグイの分布図

コウライモロコ

カネヒラ

最上川産ウケクチウグイ

当時私はマルタと同定したのですが、実はウケクチウグイで、最近、福島潟でも捕れました。私の専門が顕微鏡の仕事なものですから、卵なども薄く切ってどのくらいの発育段階にあるのかも調べました。このウケクチウグイはシベリア大陸にいるシュードアスピウスという魚と同じという説が発表されたので調べたら、全然違っていました。そんなことで、ウケクチウグイというのは、実は非常に分布の狭い魚です。六十㌢から八十㌢まで成長するのが普通なのです

カワムツ

ワタカ

カワヒガイ（上）とビワヒガイ

が、秋田の子吉川と山形の最上川水系、それから阿賀野川水系、とくに支川の只見川で初めて発見されました。それから信濃川、千曲川、この程度しか見つかっていないのです。ところが、食べたら非常にまずいので、あまり食べられてはいない。一般には普通のハヤ（ウグイ）を食べているようです。

それで、ついでにちょっと触れますが、外来魚で最近捕れたもので皆さんあまりご存じない種をお目にかけます。これはコウライモロコでスゴモロコと似ている。これは大河津分水路で捕れています。両種とも西日本の九州まで分布する魚です。それから、カネヒラ、これも琵琶湖から九州まで分布するタナゴです。タナゴは非常に少なくなりました。カワムツだとかワタカ、宇治の平等院においでになった方は、あの池にうじゃうじゃと浮いているのが、ワタカです。このような魚が信濃川で相次いで捕れているのです。長岡付近に行っ

南米原産のレッドコロソマ

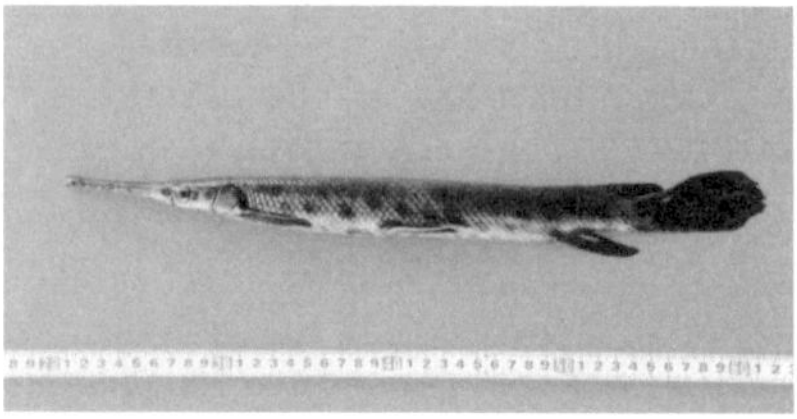

北米原産のロングノーズガー

たら、写真のような魚はいくらでも捕れる。カワヒガイとビワヒガイ、ヒガイというのは魚偏《さかなへん》に「皇」の字を書くのです。明治天皇がよく賞味されたということで、そういう字を作ったといわれています。

この写真は信濃川の下流で捕れたのですが、コロソマという魚です。「レッドコロソマ」といって南米の魚です。こんなものが信濃川で今生きているのです。この魚は植物の種や果実を食べています。歯がピラニアに似ていて丈夫なのです。しかし、寒い新潟の川では生存できないので、工場排水が出るところにいます。

この写真は北米原産の「ロングノーズガー」です。この間も琵琶湖で捕れたと非常に問題になりましたが、ワニの口みたいに歯がヤリヤリと並んでいます。一《メートル》五十《センチ》ぐらいになり魚食魚ですから、こんなものがはびこったら大変です。

水圏環境への汚染
〔D.E.Kime（1998）より〕

食物連鎖による汚染物質の濃縮
〔D.E.Kime（1998）より〕

最近問題になっている川の汚染で、「環境ホルモン」という言葉をご存じかと思いますが、いわゆる私が専門にする内分泌ホルモンの撹乱物質のことで、最近これに関する本が出ているわけです。こういうものを見ると、大気汚染を含め、みんなそれが跳ね返って川が汚れてきますよというようなことが書いてあるわけです。海は船によっても汚されますよと。もっと分かりやすい図もあったのですが、次は食物連鎖、先ほど阿賀野川で触れたように川も同じですが、底生動物を魚が食べて、その魚を大きい魚、これはサメですけれども、それを人が食べると汚

チョウセンブナ

カムルチー

ソウギョ

染物質が濃縮される、最終の段階で人に溜まってしまうので、水俣病のような悲惨な状況になることを示しています。

それから、農薬について言えば特に「有機リン」の問題は非常に気になるところです。

次に、ちょっと皆さんに見ていただきたい写真をお示ししますが、「チョウセンブナ」ですが、この魚はもういないでしょう。昭和の初めに大陸から入ってきて、もうほとんど滅びてしまったという、小さい魚です。沼や池など止水域にいた。チョウセンブナというのは別名「斗魚《とうぎょ》」です。

カムルチー（ライギョ）は、一時猛威を振るいましたけれども、だんだん少なくなっている。餌も少なくなっている。

それから「ソウギョ」、一㍍近くになるコイ科の魚です。水草を食べる魚で、皇居の外堀にこれを入れて草を食べさせようとしたら、水草がすっかりなくなってしまい、かえって堀が荒れてしまったので、やはり植物は川には大切だということが分かりました。

これは「ハクレン」という魚です。これが利根川でジャンプしているのをテレビでご覧になった方があるかと思います。

この写真は「アマゴ」です。西日本にいるサクラマスの亜種、このようなものも入っています。

ハクレン

アマゴ

カワマス

それから、この写真が今新潟県では唯一竜ケ窪で生き残っている「カワマス」です。北米から入ってきたもので、イワナの仲間で、イワナとの交雑種ができますから、長野県の上高地では非常に問題になっています。今の天皇陛下は魚類、特にハゼを研究しておられるので、心を痛めておられるということです。

それから、「オオクチバス」、ブラックバスの口が大きい種です。「コクチバス」も信濃川におります。餌を見てください。トガリネズミを食べているわけです。この写真を見ただけでもその繁殖力の強さがご理解いただけると思います。それから「ブルーギル」。

豊口 今のご説明を聞いていて、信濃川はもう壊滅的なダメージを受けているような感じがするのですが。

本間 在来の魚の勢力が強いので、まだそこまではいっていません。しかし、十日町付近に多い、「シナイモツゴ」の産地である閉鎖水系に入れたら、たちまち全滅します。レッドリストに載った魚は高く売れるので、池の名前は挙げられませんが。

そこでもう一つ、そういうふうにして在来の魚を食べ尽くしてしまうと、ブラックバス自身

北米原産のオオクチバス

北米原産のコクチバス

北米原産のブルーギル

が痩せてきて、ついに自分の子どもまで食べなければならなくなる、つまり、共食いまでやります。

豊口　誰がそれを持ち込んできたのですか。

本間　それが分からないので、私どもは密放流と呼んでいます。現場を見つけたらすぐ訴えて漁業法違反で取り締まることができるわけですが、全然分からない。過去二件ぐらいしか検挙されていない。

豊口　何の目的で、そういう外来種を。

本間　ブラックバスは、釣るときの引きがおもしろいようです。私は県内水面の漁場管理委員長をやっていて、全国に先駆けてブラックバスのリリースの禁止、リリースとは釣った魚をまた放すことですが、その禁止を告示したところ、何と驚くなかれ、約八万通も「けしからん」というメールが入ってくるわけです。そのくらいバス釣りというのは盛んだったわけです。

豊口　そういう魚も信濃川にはいるということですね。

本間　新潟県のシンボルである新潟県庁のそばにガツボ(葦)を残させたのですが、葦の中をすくってごらんなさい、ブルーギルの子どもがいっぱいです。それとタイリクバラタナゴ、これも大陸から入ってきたタナゴです。

豊口　下流の方ではかなり生息しているとしても、十日町の周辺というのは安泰ではないのですか。

本間　いえいえ、長野にもおりますから。

信濃川の環境変化について

豊口　まだ日本というのは魚類にとっては平和なところではないかと思うのです。例えばヨーロッパを見ますと、ライン川やドナウ川など、あれだけの大河がいろいろな国の間を流れてきます。ヨーロッパは昔、森林地帯だったというけれども、全部切っちゃって牛や羊を飼うための牧場になった。木がなくなった、栄養素もなくなった。牛や羊のし尿が全部川に流れ込んでくると、川はものすごく汚れていると思うのです。信濃川と比べてライン川、ドナウ川というのはどうなのですか。

本間　私はヨーロッパにそれほど行っているわけではないのですけれども、例えば、アルプスの周りの川というのはきれいでないのです。まず氷河によって削り取られた溶解物がいっぱいあるわけで、濁っていて、今の信濃川の融雪水と似たような川です。それから舟運、船の運航のあるライン川にしろ、モルダウにしろ、汚いのです。そういう意味では、信濃川はまだきれいな方です。なぜかというと、私もだいぶ長野に行く機会があって、いろいろ信州の人とも接触があったわけですけれども、上流から、農薬に含まれる窒素やリンなどの汚染物質（リンが一番問題です）が流れてきます。しかし、北陸地方整備局に新任職員が入ってきたときの講義にいつも使っている「川とは」ということなのですが、千曲川から新潟県に入って信濃川になるところ、狭隘《きょうあい》部があって谷間がありますが、そこは瀬になっており、そういう瀬というものが浄化作用に役立っているわけです。物理的な浄化作用ですが、ほかに生物的な浄化作用もあります。酸素を巻き起こしてやるということが非常に大切です。ヨーロッパの川はゆったりして滔《とう》滔《とう》と流れていて、モルダウという曲もあるわけですけれども、本来、川という字は棒が三本なので、流れているという意味です。流れなければ川ではないので停滞水になり、水の交換がなければたちまち汚染物質がたまっていって、汚れるわけです。それで、富栄養化したら藍藻プランクトンが繁殖して、水の華（ブルーム）現象が起きる。ダム湖の場合はよくそういうことが起きるので、水の交換率、更新率というのを常に考えなければならない。

長岡の福島江という名称は変わっているのですが、元来「江」というのは小さい川ではなくて入り江というもので、一般には海の小湾です。大きい川には「河」という字を使っているのです。

大河津分水路ができたおかげで、新潟市の人は洪水の心配を忘れてしまっています。私が子どもの時、家を造るときは土台をちょっと高くして、その上に大谷石を土台にして家を造って、大川（信濃川の俗称）が溢れても大丈夫なようにしました。それが大河津分水のおかげで洪水がなくなったら、上流の方の人たちの苦しみを忘れてしまったわけです。川の破壊作用というのは私どもの手ではどうにもならないので、行政の手で治山・治水、砂防ということをやってもらって、安心して住めるような土地を造らなくてはいけない。そのためにはできたら遊水地や氾濫原というのが欲しいわけですけれども、すぐ土手の下まで土地を売って家が建てられていたりしています。このたび被害を受けた中越の刈谷田川や五十嵐川ではこの動向に同調されて自分の田んぼを提供しても、遊水地などを造ろうという動きがあります。川というのは蛇行して当たり前で、運河みたいに真っすぐにしたら管理しやすいかもしれないけれども、これは川ではない、何としてもきれいな川を造るには瀬や淵、植物が必要です。

豊口　この間もお話ししたのですけれども、たまたまヘリコプターに乗せていただいて、千曲川の甲武信岳まで行ってきました。川が蛇行しているのは信濃川なのです。千曲川はあまり曲がっていないのです。これは名前を変えた方がいいかなと思いながら上から見ていました。明治の頃に外国人がやって来て、日本の川というのは滝みたいだと、滔々と流れてしぶきを上げている。これは要するにきれいな水質なのです。ヨーロッパの川というのは、そういう流れ方をしないから今はああいう状態になっていて、しかも川魚というのはヨーロッパではほとんど食べられない状態になっている。そういう点からすると、日本は捨てたものではない。特に信濃川

本間　は最も優れた環境になっていると思うのです。ただ、今の状況を見ていますと、人工的な手がだんだん上流にも加わってきている。それから皆さんに聞くと、川の水が昔よりは汚くなってきたと。川の水が汚れるということは、栄養素が流れ込んできて魚にはいいのかもしれないけれども、川が汚れてきているというのは気になるわけです。その辺はどうなのでしょうか。

川は運搬作用があるわけですから、海のしょっぱいのは川が運んだ塩分から、無機物からきているわけです。川はいろいろなものを運ぶわけです。これを恐れてはいけないのです。ふるい現象で、それこそ激流のところは運搬作用で大きい礫《つぶて》から先に沈降していって、だんだん長岡付近にくると砂利状になって、新潟の方は泥です。ヘドロがたまり、比重の軽いのは海まで行って広がって、そして沈降するわけです。これは、年に二、三ミリ堆積する程度なので、私どもはそう恐れることはないわけですけれども、そして海まで栄養塩類を運び、シルトを運んでくれる。そこにゴカイだとかクモヒトデのような底生動物が繁殖します。それらをヒラメだとかタイだとかが食べて、海の生態系が成り立っているわけです。そうすると、川というのは流れて物を運んでくれなければいけないのです。そういう意味で、これは電力会社の人がいると抵触するのですけれども、揚水発電というものは、上池と下池で放水と揚水を繰り返すだけですから川にとって好ましくありません。ですから、何とかバイパスを造って上池の水を流してほしいという要望もあります。そうすると、発電用水の効力が悪くなるということですが、これからはそのようなことを企業も言っておられないと思います。耳障りになる方がおられたらお許しいただきたいのですけれども、無水区間、川が流れないところとか減水区間、これらは避けなければだめだということで、あちこちで指導しているわけです。

豊口　昔は岩がいっぱい流れの中にあったような気がします。それに水がぶつかってしぶきを上げて、何となく勇壮な感じのする川だと思ったのですけれども、この頃、岩がなくなってすっと流れているように見えます。岩の下に手を入れると魚が触れて。あの感触というのは忘れられないのです。

本間　上手な人はあそこに手を入れて、魚を捕る。

豊口　そのときのスリルというか、感触が、子どもの頃すごく楽しかった。それが今、できなくなっているのではないかと思うのです。

本間　今までのように蛇行して急流があったり、早瀬、平瀬というか緩瀬《ゆるせ》というか、そういうものがあったりしている時はよかったのでしょうけれども、あちこちで川がせき止められて流量が平準化しているのです。信濃川でも止められているところがあります。

豊口　それは魚の生態に悪い影響を与えるのですか。

本間　悪いですね。私は長いこと魚道設置にかかわってきたのですが、常に川を魚が上り下りできるような状態にしておかなければならない。そして、川自体も相当な水量が必要である。水量が多いと餌も多いし、魚も大きくなる。河川横断構造物によって、それがシャットアウトされている状態です。

豊口　先生が関係された大河津分水の洗堰《あらいぜき》に魚道がありますが、あそこに大きな窓があって、地下四階ですか、エレベーターで降りていくと、魚が泳いでいるのが見えるのです。あれは感激的ですね。ここにこんなに魚がいるのかということを、おそらくほとんどの子どもは想像していなかったと思うのです。

本間　大河津分水路を切り開いたために、現在一応中流域の景観を保っているのは信濃川河川事務所の付近までなのです。瀬があって、その付近まではサケも産卵できるし、アユも産卵するということで、私は従来いわれていた産卵場を、越路橋のずっと下の蔵王橋までとしたのですけれども、洗堰付近は全く下流景観です。そうしますと問題は、せっかく立派なものを造ったのだけれども、常に砂粒、特にもっと細かいシルトが壁面に付くわけです。それで見づらくて苦情が出るし、あそこを管理しておられる方も掃除が大変だろうと思うので、大変申し訳ない状態になりました。あそこまで汚れるとは思っていなかった。三面川の「イヨボヤ会館」へおいでになった方はご覧になったと思いますが、種川のところに向かってずっとトンネルを造って、入ってきたサケが直接産卵するのを見ることができるようにしたのです。いかんせん種川は天然の水が入ってくるものですから、あそこも窓が汚れることがありますが、これは人力できれいにする以外にないと思います。

豊口　例えば十日町市で、信濃川に窓を造って魚を見ることができる可能性はありますか。

本間　それはあります、きれいですから。そして在来の魚が三十種ぐらいいるわけですから、そういう魚介を捕るのも見られるし、飼うこともできるわけです。

豊口　やっぱり信濃川が生活に密接した川である、我々の歴史をつくってきた川であるということを実証するためにも、魚を目の当たりにできた方が、子どもにとってはいいと思うのです。魚を捕ってきて池に入れて、子どもにつかみ捕りさせるという残虐行為はよくない。自然の川の中に魚がいることによって、初めて人間との関係が理解できると思うのです。

本間　市町村、地方自治体や漁業組合のイベントで魚のつかみ捕りをやらせる場合がありますね。それも場合によると、サケまでということになっています。それで、ダム関係の委員会の中で、時々問題になる。ああいうのは情操教育に悪いとか自然保護に反するものではないかというようなことがいわれるわけです。しかし、千曲川に入ると途端に「よい子は川で遊ばない」という看板が目につきますが、十日町の付近では、ないでしょうね。川で遊ばせるでしょう。それで、私たちより一世代若い青年団、今は何というのでしょうか、そういう方々が遊び方も教えているところがあるのではないでしょうか、そういうことをやらないといけないと思います。

豊口　つかみ捕りの魚が地元のものならまだ分かるのですけれども、よそから持ってきているでしょう、あれもよく分からないのです。子どもが捕まえて、これは自分たちの住まいのところに生きている魚だと誤解する、これも怖いと思うのです。

本間　それからもう一つは、昔からのしきたりなのですが、必要以上に捕らないで、捕ったものは全部食すのだと、それが大切なのだという姿勢でなければいけません。

それともう一つお話ししておきたいのは、今、全世界を席巻している魚種というのが「ニジマス」です。土地の魚みたいに思われているけれども、ニジマスはロッキー山脈の渓流にすんでいたのを移植したものです。ヨーロッパへ行くとサケのステーキではなくて、ニジマスのステーキを食べさせる。ニジマスは外来魚で昔は害魚だといわれたのですが、大抵の土地で自然繁殖しないのです。新潟県で育っているところは、魚野川の大源太キャニオンと関川の奥の笹ケ峰ダムぐらいなのです。ほとんど育たないので、毎年放流しなければだめなのだと、そういうこともちょっと認識していただけたらと思います。

豊口　信濃川は十日町を経て大河津分水を抜けて、いよいよ下流に流れていくわけです。十日町あたりと比べて、下流の生態系はかなり違うのですか。

本間　すむ魚が違ってきます。信濃川は十日町付近はもちろん魚野川もアユがすめるような川につくり上げれば、他のオイカワやモロコの類も増えてくるということで、多自然型の護岸も造らせたりしているのですが、そういういわゆる冷水魚は下流にいない。平瀬から早瀬まですむような魚がいなくなって、下流はほとんど緩い勾配で流れているので魚種が違ってきます。信濃川の魚類相は実はどういう特徴の川かというと、コイ科の魚の川だといわれています。ですから、フナも何種類もいるわけです。それに、コイとかウグイとかモロコの類が非常に多いわけです。一番上流にイワナがすんでいるわけですが、イワナのところまでウグイはすみつき、イワナが産卵した卵を食べていますし、海にもいる。先ほどお話ししたマルタウグイという大きなウグイは海から上ってきて、ウグイと同じような場所で産卵します。ウケクチウグイもそうですけれども、ウケクチウグイやマルタウグイのいないところは佐渡のようなところ、それから能登半島はウグイしかいないわけです。そのようなところはウグイが海に出て泳いでいるのです。港から釣っている魚が、実は海のウグイ、そういうところもあるのです。そのような魚が下流の方に行くと非常に多い。それから、ハゼの類が多いという実態になっています。

豊口　十日町あたりの信濃川の流れ、そこで生きている魚たちというのは、下流と比べると身も締まっているし、おいしいのではないかという気もするのですが。

本間　中流域から上流の魚は皆さんよく召し上がるのではないでしょうか。アユにしろ、ヤマメ、イワナにしろ、カジカにしろ、カマキリなどはカジカの仲間では一番大きいし、おいしい魚です。それからハゼの仲間も、七月、八月に海から上ってきた子どもは捕らえて、佃煮にして食べていると思います。

ついでにお話ししておきますけれども、ヨシノボリの仲間とかウキゴリの仲間のハゼ類は海で子どもが育った後、海から上ってくるのです。えん堤があっても、ちょっと湿っていれば胸びれの吸盤を使って上っていきます。私は十三㍍ぐらいの高さまで確認しました。

豊口　アユは十日町あたりの名物ですよね。アユのお刺し身というのがありますね、それから握りもあります。川によってアユの味が違っているという話をよく聞かされるわけですが、この十日町あたりのアユというのは、比べてどうなのですか。

本間　やはり岩質がいいものですから、いわゆるツルツルした黒っぽい石のところがいいわけです。玄武岩質、安山岩質などの岩のところでまずバクテリアが付いて繁殖し、その上に珪藻なり藍緑藻が付いて、それがいわゆるコケになって、キュウリのようなにおいになります。まず石を手に取るとにおいをかいでみて砂があるかどうか見ますけれども、同じ種類の珪藻や藍藻でも花崗岩質の岩に付くのは、やはりシルトもたまりやすくて質が落ちます。それをアユが食べているわけです。私どもはアユを捕ったりもらったりすると、必ずすぐ食べてジャリジャリするかどうか確かめます。砂交じりのところですと、例えば、現在の関川のアユは頭首工で閉ざされた、下の方の悪い石に付いたコケを食べているので、味が落ちます。そこで、この十日町付近は条件が良いのでアユを大切にし、自慢してもいい。三面川は、サケのことで名が出ているものですから、アユまで自慢しますが、花崗岩質のところです。

豊口　分かりました。今ここで捕れる魚というのは非常に美味であるというお話を伺いました。これからも十日町周辺で捕れたアユというのは新潟県の特産、信濃川の特産として私たちは誇りに思うべきだし、思っていい。そういった点からも、川を汚さないで、自分たちで育てなければいけないと思うのです。下流地域、ゆっくりと流れている信濃川、この辺の魚は質が違うと先生がおっしゃったのですけれども、この辺の魚から河口にかけては、従来とは相当変化しているのではないかと思うのですが。

本間　ここで考えていただきたいのは、日本海というのは潮干狩りができないし、潮の満ち引きがない。三十㌢ぐらいですから、こういうところでは川の水の量が少ないときは塩水が川を遡ってきて、かなり奥の方まで浸入するのです。塩水くさびといいます。表面は真水ですが、底の方はしょっぱいのです。海の魚が入ってくるところです。こういうところは水の密度が違うものですから、中の方で濁るところがある。そういう状態なのですが、このような場所の魚は、例えば新潟西港で大きいスズキとかボラが釣れても、船舶の油のにおいで食べられないとか、川魚の独特の臭みがあるから食べないということが普通です。また、鳥屋野潟でヘラブナなどを捕って、この魚で釣りをする関東地方などへ売っているわけですが、それを食べようとする場合は、清五郎潟といってちょっときれいな潟があるのですが、そこへ一週間なり十日も入れてからでないと、泥臭くて食べられないという事態がある。魚というのはエラで呼吸しているわけですが、淡水魚は水をしょっちゅう飲んで腎臓でこして、尿として出しています。海の魚はそれとは反対に、できるだけ真水を体の中にためようとするので、濃い尿を少し出すだけです。汚れたものがあれば必ずエラを通す。エラのところには毛細管がたくさん集まっていますす。また、餌を食べれば食道の方から腸管を通して消化成分が血管に環流されるということで、どうしてもあまりおいしくない魚になってしまう。しかも上・中流と魚種も違って、フナ類をはじめとするコイ科の魚です。餌の質も悪くウグイも十日町あたりに比べたらうんと味が落ちますし、マルタウグイもまずい魚です。

それで、もう一つは、塩水くさびという現象もよく考えていただかないといけません。この塩水くさびを通ってスズキやボラは川へ入ってくるわけですが、港というのは汚染されている。特に山の下閘門のところから通船川は汚れているわけですが、魚肉にまでにおいが生ずることになります。

豊口　でも、東京湾にも魚がたくさんすんでいます。あそこには非常にたくさんの河川が流れ込んでいる、周りは全部人が住んでいる生活帯です。かつて東京湾はものすごく汚れたといわれていたのですが、今は非常にきれいになってきて、魚の宝庫東京湾だといわれているわけです。しかも、そこで捕った魚を寿司ネタとして食べています。この辺の今の信濃川との違いは何かあるのでしょうか。

本間　東京湾も戦後一時非常に汚れていました。そこで、研究者のほか行政も力を入れて水質の浄化を図って、さっきお話ししたように川の上流の瀬や淵づくりから始まって、広域下水道を流域の集落に造ってもらって、きれいにして流そう、できるだけ汚染物質の負荷量を川に掛けないようにしようというようなことをやった。

それから、例えば神田川でも一時水をためて放流するというようなことをやって、きれいになるように努力をしたので、昔のように川へアユも遡り、ボラが随分内陸の方まで入るようになったりした。

もう一つは、海の方も非常に汚れていました。航空機で羽田空港に入るときは、こんな海に落ちて死にたくないというぐらい汚れていました。しかし、千葉県の房総半島の方や、横須賀から三浦三崎の方へ行くと岩礁があります。先ほど川の瀬でお話ししたと同じようなことで、波浪があったりすると物理的な浄化作用が起きる。

もう一つは、日本海側の川や海と違って、潮の満ち引きが大きいのです。一メートル二十センチから一メートル五十センチもある。日本海側と違って、川の下流部が全部潮水になってしまいます。九州、四国の川もそうです。そのような水の入れ替えもあったりするということで、今でもまだ細々と漁師を続けていけて、東京湾の名物として深川どんぶりなども食べられるような状態になっています。しかし、昔に比べたら、漁獲高はうんと劣ります。

豊口　日本海には潮の満ち引きがない。これは皆さんはご存じだったろうと思うのですけれども、私は非常に不思議な気がしました。海は必ず満ちてきて引くものだとばかり思っていたのです。この辺をちょっと説明していただけませんか。潮干狩りというのは、関東などでは今がシーズンなのです。ズボンをちょっとまくり上げて海岸へ行って掘ると、バケツ一杯ぐらいすぐにアサリが採れる。ところが、新潟県に来るとそういうことがない、この辺が川の汚染と何か関係があるのではないかという気がするのですが、いかがでしょうか。

本間　私はさっきご紹介いただいたように、専門の後ろの方に海洋生物学というのが書いてありますが、海の魚の図鑑も書いているし、海のことが本当は詳しいのです。日本海というのは、長めの茶碗みたいな形、湯冷まし用の茶碗のような格好をしています。非常に深くて、平均深度が三千二百㍍で、海盆状態になっています。一番深いところが三千六百二十㍍、富士山の頂が百五十㍍出るくらいです。

そしてもう一つの特徴は四つの海峡、朝鮮半島とのいきさつで五つだという立場では、対馬海峡を二つに分ける人もいるわけですが、対馬海峡でいいと思います。それから、津軽海峡と宗谷海峡、昔は間宮海峡といったタタリ海峡の四つです。対馬海峡の深さは百四十㍍ぐらい、津軽海峡は百五十㍍から一か所か二か所、深いところがあって四百㍍ぐらいのところがあるといわれています。宗谷海峡は樺太（サハリン）との間ですけれども六十㍍ぐらい、間宮海峡というのは埋め立ててもいいとソビエト時代にソビエトの学者が国際会議で発表していましたけれども、十㍍からせいぜい三十㍍、冬になったら全部結氷してしまう。そういう浅い海峡でくくられている深い盆のようなものです。それで潮の満ち引きはほとんどありません。太平洋側は外洋波はあるし、潮の満ち引きの大きい瀬戸内海とか九州、朝鮮半島、今はニンチョンですか、それから前の韓国の大統領の出身地のモクポなども、ものすごく遠浅で潮が引くわけです。日本海はそういうところがないのです。ですから、日本海の潮の満ち引きというのは、冬はアジア大陸の高気圧で、ぐっと押されて海水面が低くなり、夏は総体的に低気圧にずっと覆われているわけだから、太平洋も日本海も変わらないので海水面が上がります。その差が新潟付近でも六十七㌢もあるわけです。三月頃と八月の大潮の時との差が大きいのですが、普段は二十㌢から、大きいときでも三十㌢ぐらい。さきほど話に出てきた大河津分水路によって新潟市の海岸に付くべき砂がみんな野積の方にたまってしまったわけですから、あのようなところ以外は、三十㌢の差といったら、砂浜が出てくるようなことがありません。東京のように間潮帯といって、満潮と干潮との間がずっとなだらかになっていて、いろいろな生物群集が存在する状態のところが見られるというようなところがありません。何時間も干上がっているという砂浜や干潟がないのです。そういう状態が日本海なのです。

豊口　新潟市の河口付近ですが、ちょっと奥に入ると湿地帯があります。そこと海とは、そんなに深く交流しているわけではない。例えば太平洋側の浜名湖、私は浜名湖へ行ってボートを漕いでいましたら引き潮になって、海の方に矢のようなスピードで引っ張られたことがあります。あのまま引っ張られたら太平洋に出てしまう。浜名湖というのは非常に浅い湖ですけれども、いつも新鮮な魚が食べられる。これはやっぱり潮の干満によるものですか。

霞ケ浦もそうなので、あそこに河口堰を造ったりしたので汚れてきたわけです。水の交流がなくなる。川は流れなければだめなのです。新潟市も、私が覚えているだけでも鳥屋野潟、蓮池、女池、下池、三平池、米山池といっぱいあったわけです。これらの潟も鎧潟も干拓されて田んぼや住宅地になっている。そのようなラグーンがあったということは、信濃川は氾濫しながら土砂を運んできて砂丘列を造って、そしてすっかり細ってしまいましたけれども、実は紫竹山とか米山とかいう集落名があるようにいくつも砂丘列がありました。そこに家を建てなければ、冬になったら昔は琵琶湖よりも大きい水面が生じたわけです。それが川をまっすぐに直して、信濃川は両側を固めてしまいましたから、これら昔の信濃川が残った後、すなわち氾濫源にもなっていた所がすっかりなくなってしまいました。こういうところは生物にとっても非常に大切だったわけです。稲は三日間水に浸かったらだめになるといわれていますが、こういうラグーンが残っていたら本当に助かったわけです。それも一切なくなって、軟弱地盤に建物を建てて傾いたりしているような状態です。

阿賀野川もそうなのです。昔は阿賀野川も信濃川に注いでいたのです。このような過程を経て沖積平野は形成されてきたわけですけれども、昔のような湿地帯や潟を造ってやれば、絶滅危惧種のイトヨも遡ってきて、産卵できます。今の新潟地方気象台のあるところにも細い川があって、そこにイトヨが上って巣を作っていました。今は全く面影もない状態になっています。周辺はみんな人工的な構築物に変わってしまいました。

豊口　そうしますと、従来、神が造ってくれた大変素晴らしいラグーンといいますか湿地帯、これが今はだんだん人工的にいろいろ手を加えられて、極端に言うと死に絶えるというか、そういう方向に動いていると判断してよろしいですか。

本間　しかし、そのために耕作をやっていくというようなこともありますから、一概にどちらがどうというわけにはいきませんけれども、福島潟も八郎潟と同様に田んぼを作り、今は昔の三分の一の面積になったわけですけれども、そういうラグーンがあれば野鳥なども豊富に飛んできます。福島潟は今でもオオヒシクイやハクチョウ類も来ます。そしてまた、そういう所で住民がヒシを採ったりジュンサイを採ったりというような、昔からの生活が一切なくなってきたということが言えます。

豊口　もう一つ、私は新潟に来て気になっているのですけれども、海岸線がどんどん浸食されています。昔は砂浜があったのですが、今行くと砂が目に入らないというような状態になってきている。これはどうなのですか。

本間　私は生まれた時から信濃川河口付近に住んでいます。今の歴史博物館、かつて税関があった場所付近です。海岸の方には砂丘列が二つもあったのですが、三百㍍ぐらい削られました。海岸付近にあった測候所が海に沈んでしまった。

川港のものですから、氾濫を防ぎ水深を維持するために大河津分水路を造ったわけです。それで寺泊の野積のところに砂が付き田んぼができ、平野の水を海へ落とす排水路を造ったのですが、耕作面積がうんと広がって、寺泊の港も中央海岸のように広くなったわけです。野積へおいでになった方はお分かりになると思いますが、海岸端の道路を走っているとすぐ岩が二つばかり見られるのですが、あそこは昔は海で、泳いでいかなければならなかった。すっかり陸地になってしまいました。分水路ができる前は、泥が運ばれて新潟西港が埋まってしまうものですから、浚渫船でいつも掘っていたわけです。その泥を海に捨てていたのですが、そういう泥砂が新潟海岸に運ばれなくなった。北西の季節風と波浪によって、防波堤があると、その根元はえぐられていくというのは分かっています。大河津分水路完成後の状況のシミュレーションで、私どもは漂砂の現象を経験してきたわけです。

当時の建設省信濃川下流工事事務所で関屋分水路を開削し、新潟大堰を造ったのですが、この場合、私どもは分水路から川水を流して、港の方の深さを維持すれば、分水路からの砂がついて海岸が維持できるのではないかと思ったのです。しかし当時の建設大臣が三百八十トンの水を帝石橋から下流に流しなさい、と。川はきれいになるでしょうけれども、養浜《ようひん》効果、海岸に土砂がつくことがなくなってしまいました。

また、この付近はガス田なのです。それで、水と一緒にガスがたまっているので、住民は昔から親鸞聖人の七不思議にもあるように、この天然ガスを使っていた。今はほとんどなくなりましたが、こたつまでガスをたいていて、どの家に行っても小型のタンクやボンベがあるというような状態でした。このガスを企業として掘ったわけですから、ますます沈下したというようなことがあった。それで、海岸が削られてきた。しかし、砂はどこかに行っているのです。砂は動いている。能登半島でも経験しましたが、浅いところと深いところ、バーとトレンチと言いますけれども、そういうのが海底には、形成されているわけです。そこで、〝人工岬〟を造って、養浜効果を上げることを図りました。また、ダム建設により、川によって運ばれる砂の量は少なくなるので、ますます海岸浸食が進みます。

豊口　信濃川の河口の部分というのは、単に信濃川が流れをもってつくり上げているのではなくて、人工的ないろいろな構造物によって、海の方からも実は問題を受けているわけですね。

本間　海の方の作用も受けているということです。海の作用の一番いい例は、海辺の住民は冬、三日も四日も時化《しけ》ると海に出られないものですから、浜歩きというのをよくやりました。そして、漂着したものを拾って、これは俺のものだということで赤い布を巻いたり、石を上げたりして目印を付けました。時には恵比寿様といって、クジラとかサメなども揚がったりする。昔からそういう習慣があったわけですが、そういう海岸端の生活というのもだんだんなくなっている。

もう一つは、北西の季節風と暖流との関係ですが、真っすぐ北上する暖流に北西の季節風が打ちつけて、四十五度の角度で反流ができます。そのため暖流によって運ばれてきたものが波打ち際《ぎわ》に打ち上げられる、そういう輸送があったわけです。今、運ばれてくるのは、中国大陸や朝鮮半島からのプラスチック製品とか、そういうものばかりが多くなっています。

ふるさとの大河を守るために

豊口

日本一長い川、大河といわれていますけれど、いろいろ問題点を抱きながら、今まで水が流れてきているというのがよく分かりました。

それから、すんでいる魚も上流、中流、下流でかなり違った生態系がそこでつくられている。特に河口付近というのは、新しい魚が入り込んできて、海の魚も入ってきて、従来の信濃川の生態系とは違った状況が生まれつつあるということもよく分かってまいりました。これをふるさとの大河の現状としてこれからも私たちは意識しなければいけないし、また、行動しなければいけない。そして川を生かさなければいけないだろうという気がするのです。川が地球に接していないと川は死んでしまう。だから、例えば川底に人工的な壁を造ったりすると、川は地球から浮いてしまうために生きていけなくなってくる。だから、川は地面に、地球にくっついていなくてはいけない、地面と一緒に生きていかなくてはいけない。地面と一緒に生きていれば呼吸もできますから、そこで生態系も保存されるということが言えると思うのです。そういう点で、これからも将来も考えて、ここに住んでいる周辺の市民たちとどうやって川を自分たちのものとして大切にしていったらいいかという、その辺のお話をちょっとお聞かせいただければと思います。

本間　これは難しいです。

豊口　というのは、おのおのにエゴがある。魚が捕れるから自分たちは捕るのだとか、ここからこまでの魚は、自分たちの漁業権があるから捕るのだというふうにそれぞれの主張があると思うのです。私は今、長岡に住んでいますけれども、長岡地区にも漁業権がある。信濃川の一番広い長岡の川幅の中をサケが年間一万匹遡上している。見ようと思っても、サケというのは姿を見せませんが、湧水があって、あそこでも卵を産んでいるのだという話があります。ところが、市民はそれを知らない、理解していない。だから、何となく川と市民との生活が切れている。長岡市の小学校では、よい子は川で遊ばないというわけです。私は長岡に来て十三年になりますけれども、川に足を突っ込んでいる子どもは一人も見たことがない。何となく川と生活が切り離されている。魚を釣っている人もいない。昔の人は船で長岡に来ましたから川から町を見ていた。それぞれの町の美しさ、繁栄ぶりを目でしっかりとつかんでいた。ところが、今は川から町を見る人はほとんどいなくなった。そこで、信濃川の中州へ渡って、そこから自分たちの長岡をもういっぺん見てみよう、そうしたら新しいまちづくりの発想が出るのではないかということで声を掛けたら、四百人を超えるお母さんと子どもから申し込みがありました。いよいよやるぞと、木造船を三杯造ったのですが、当日、洪水になってしまったのです。中止になったのです。その後、市の方がそういう前例にない危険な企画をしてもらっては困るというので立ち消えになってしまいました。だけど、子どもにしてみれば、ぜひ中州へ渡りたいという気持ちがあったのですよね。この辺の食い違いというかギャップというのは、どう思われますか。

本間　関川で、やはり同じような催しでイカダ下りをしているわけですけれども、釣り人もいるし、遊ぶ人もいるし、絵を描く人、河川敷公園で遊ぶ人もいるしで、やはり川に入って親しんでもらうということは必要なことだと思うのです。自然が広がっているし、おもしろいことがいっぱいあるわけです。ちょっとした水たまりを覗いてごらんなさい、いろいろな生物が見られます。子どもが事故を起こしたら行政も責任を取りたくないし、教師も責任を取りたくない。そうなったら、これだけ多様な命を育んできた川というものが、発電や灌漑など以外には利用されないままになってしまうわけで、もったいないことだと思うのです。皆さんが川に親しもうということで一生懸命取り組んでおられる地方や大小さまざまなグループがありますが、一つの土俵に上がって活動していただきたいと思うし、行政の方でもちゃんと窓口が市町村にはあるし、この企画を進めておられる国の窓口もあるわけです。私がまだ助教授時代に北陸地方建設局で講演した時は、生物の分野ですから生物指標から見た川の汚濁度というようなことを話した。生物の人はのんきなことをやっているものですねというような批評だったのです。それが次第に変わってきました。今は多自然型川づくりやらビオトープづくりの打ち合わせへの出席依頼が頻繁に来るようになりました。先ほどからお話ししている瀬や淵、それから停滞水をつくらないというようなこと、さらに魚が上りやすい魚道についても、みんなお役所の方で取り上げてくれるようになり、とても進展したと思います。国交省でも施策として取り組もうとしているし、地方の自治体でも取り組もうとしておられるので、一体になって生かしていけたら、と思います。自然が教えてくれるものはたくさんあると思うので、そういうことも説明していただけると期待できますし、また、自分でも体験できると思います。

また、海でも川でも山でもそうですけれども、自分で怖いことを経験しなければならない。

やっぱりこのようなことをしたら危険なのだと。昔は悪童のガキ大将がみんな教えてくれたわけです。それで私も水泳を覚えました。だから、佐渡にある新潟大学臨海実験所の所長を二十年もやっていましたが、学生にはシュノーケリングから教えています。櫓の漕ぎ方も経験させ、泳げない人も帰るまでには泳げるようにする。そして、いろいろな食べ物を味わってもらいました。

豊口　十日町では、子どもは川で遊んでも構わないようですね。とてもいいことです。そういうふうに川と触れ合うということをほかでも市民生活の中に取り込んでいく必要がある。今日お話しいただいた魚の問題にしても、自分自身で発見する、自分自身で魚を食べてみる、そういう経験が大切だと私は思うのです。

本間　自分で調理する。

豊口　先生はだいぶやられましたか。

本間　私は魚を解剖しなければ仕事にならない。脳下垂体、甲状腺というような器官を研究していたからです。私と接する河川事務所に関係する仕事をやっておられるコンサルタントや企業の方にも、私が魚を捕ったら腹を開いてみようと常に指導しているのは、そういうところからきているのです。

豊口　川の魚を捕って、そこで子どもたちに腹を割けというのは、最初は大変だろうと思いますが、そこでそれを料理して食べるという、バーベキューの一種。そういう経験というのは非常に重要です。それが今の新潟県の場合、あまり子どもたちはやっていない。

本間　少ないですね。

豊口　これだけの川があって、残念な気がするのですけれども。

もう一つお聞きしておきたいのは、サケが一万匹上ってくる。そのサケを捕まえて卵を孵化して、また川へ流す。昔食べたサケというのはパサパサしていて、ものすごく塩辛かったのです。それはおそらく遡上してきたサケを捕まえて塩漬けにしたのだろうと思うのです。今のサケは脂ぎっていて、あまりおいしくない。僕らの育った頃はパサパサで、塩漬けも辛くてほんの少しあればご飯が食べられた、その味が忘れられないです。ところが、今の人はそれを食べない、これはどういうわけでしょう。

本間　漁業組合からもよく相談を持ちかけられたのですが、川に上ってきて、特にハラコを搾ったサケには人々は見向きもしなくなった。スーパーマーケットへ行ったら、もっとおいしいサケがあるというようなことなのでしょう。一生にただ一度の産卵のため、そのサケは卵巣と精巣（マコとシラコ）を成熟させるために肝臓を通して自分の筋タンパクを壊してできた栄養分を運びます。ですから、産卵期の魚というのはおいしくない。そういう魚で脂気が抜けているから、さっき延喜式でもお話ししたように楚割《すやわり》ができて、宮中まで送られたわけです。昔のアイヌの人も塩を使わなかったから、干したものを食べていました。たくさんのアミノ酸とか筋タンパクを構成しているものがほとんどなくなっている状態ですから、濃く塩をしたりして塩引きにしていたのでしょうけれども、そういうものが好きな人も昔からおるわけです。今は北太平洋で捕れたまだ若いサケが、特に釧路から根室の漁港に水揚げされるので、それらが主となって流通しているという状態なのです。それから、若い人の味の好みが変わってきているのではないかと。

豊口　もう一つ、人から聞いた話なのですけれども、安いサケは養殖魚で、天然物はおいしいのだと、これをぜひ。

本間　日本で養殖をやっているのはギンザケで、これは東北地方の三陸沿岸の内湾のあるところで行っています。海が穏やかで、餌が豊富でないと養殖できないので、イワシとかホッケとかを餌にしている。脂っこいですよね。そういう漁業を佐渡でもちょっとやったのですけれども、餌の需要供給がうまくいかない、大変な量を食べるわけです。それとやはり流通機構で負けてしまうというようなことでやめてしまった。南米はサケがいなかったところなのですが、日本の学者がチリへ日本のサケを持っていって、養殖を教えたのです。それが増えてニュージーランドやオーストラリアの海までサケが分布するようになりました。

それからもう一つは、日本人がスーパーマーケットでよく目にするのはレッドフィッシュ

（赤いメバルの仲間）ですが、それ以外にアトランティックサーモン、サルモ・サラ（日本のサケはオンコリンカス）という学名の大西洋サケをノルウェーで養殖しています。ニシンの子でも、シシャモでも日本人は喜んで食べるということで、盛んに養殖したものが入ってくる。サモントラウトの名で売られ、安い値段のものが出回っているはずです。見た目には身が赤くてきれいです。

豊口　あれは餌の関係か、臭いですよね。

本間　外国は調理が違うから、あまり感じないのでしょう。何でも油で揚げてしまうとか、油漬けにするか、ものすごく辛い塩漬けにするというようなことで、日本人のデリカシーをもって魚の食味を味わうということはないですね。養殖魚の問題は、このような事情が背景にあるのだと思います。

豊口　フランス料理も典型的ですよね。実はなぜこういうことを伺ったかといいますと、今、地球全体の生態系がおかしくなってきているような気がするのです。サケが一番インターナショナルな魚だと思って伺ったのですけれども、ノルウェーが養殖している。餌は何か分かりませんけれども、そこから日本が大量にサケを輸入して売っている。安いサケはそうなのだそうです。お寿司屋さんでは、それは絶対に扱わないと言っていました。皮を見ると点々があるから、すぐ分かると教えてくれたのです。サケというのは世界中泳いでいるわけですけれども、そういう中で信濃川に遡上してくるサケというのは随分変わってきていると思います。信濃川で稚魚を二百万放流して、帰ってくるのは約一万だと聞いておりますが。

本間 新潟の場合は、放流魚以外のものも遡ってくるので、もっと少ないかもしれません。

豊口 八千ぐらいですか。

本間 パーセントで言うと、北海道で三、四パーセントですけれども、津軽石川とか大槌川、東北の沿岸で〇・五パーセントくらい、新潟の場合は〇・一パーセントぐらい帰ってくればいいと思います。

豊口 それでも、そのくらい帰ってくると、貴重な資源だろうと思うのです。私たちは川と一緒に育たなくてはいけない。そのサケを育ててくれる、アユを育ててくれるのは川なのです。その川を生きた川にしておくのは人間です。生活汚水とかごみを川へ捨てるとか、畑で売れなくなったような大根とかスイカが、川の中にプカプカ浮かんで流れてくるという川の使い方をしている人たちがかつてあったわけです。そういうことがないように、周辺に住んでいる人たちは心を配らなければいけない。川を生き返らせるためにはどうしたらいいかという、国交省の河川事務所の方たちの知恵と技術、そういうものを一緒にして考えなくてはいけない。信濃川自由大学とは国交省、河川事務所の人たちの知恵と努力と、それに対して市民が、周辺の住民がどう協力するかという、一つの関係をこれからはっきりつかんでいこうという試みではないかという気がするのです。

本間　それにもう一つ、企業も協力してくれなければだめだと思います。

例えば今サケの放流の話が出ましたけれども、カムバック・サーモン運動といって、サケを戻せということで北海道の豊平川で始まって、長野県でも前の知事の時にやっていたのに、その知事が打ち切ってしまったのですけれども、今の知事さんは（開催当時）そういうことに金をかけることは、まさにあの人のユートピアにぴったりの事業だと思うのだけれども、全然やらない。これでは、昔のようにサケ（シロサケ）を上らせて、それを利用しようというようなことにならない、行政の方でもシャットアウトしている面があるので、ここも突き抜けなければだめだと思うのです。他県にまたがると難しいです。しかし、水量の確保、これは何とか突破しないと、信濃川は生きていけません。甲武信岳から支川の水を集めて流れてくるわけです。

豊口　とにかく千曲川も含めて、この信濃川の周辺地域というのは日本でも最も美しいところだと思うのです。そこで、今まで生きてきた私たち人間、それから魚との関係を、二十一世紀に世界に発信するような体制を信濃川でつくっていく。「さすが信濃川だ、住民と行政、そして人々が力を合わせて素晴らしい川が生き続けている」、そういうメッセージを送れるように努力をしていく必要があるだろうと思うのです。そのために、ぜひとも信濃川流域の町の中で十日町が範たる方向を示していただいて、素晴らしい信濃川の明日を皆さん方の力でつくり上げていただきたいというのが、今日の最後のまとめになりました。

本間

この付近の川も、水量は変わりますが、川辺に水草が生えています。抽水植物といいますけれども、それを大切にしてほしいのです。これがない所は川が汚れます。あまり波立つ所とか、河況係数といって、一番流れたときと低水量のときとの差が大きい川や人工湖では育ちませんけれども、信濃川は係数も小さく格段にいい川です。北海道の石狩川にはまだ蛇行が残っているところがある。私は九州の川まで見る機会がありましたが、大河信濃川を誇りに思って大切にしていかなければと思います。

自然と対峙している地域社会

～7・13水害から学ぶ減災への取り組み～

見附市長。国土交通省「洪水等に関する防災用語改善検討会」委員。昭和24年見附市生まれ。昭和48年岩谷産業株式会社に入社。平成13年イワタニリゾート株式会社取締役営業本部長に就任。平成14年退職。同年見附市長選で初当選。平成16年新潟豪雨災害と中越大震災という二度の激甚災害を経験。その経験を踏まえ各所シンポジウムなどにパネリストとして参加。「水害サミット」発起人

久住時男

kusumi ● tokio

久住時男×鈴木聖二

7・13水害を振り返る

鈴　木　川がいつも優しい顔をしているわけではない、牙をむいた状況に立ち向かったときに、私たちはいったい何をしなければいけないのか、何ができるのか、そういった話が今回のテーマです。今でも記憶に生々しいですけれども、二年前の7・13水害。不幸な経験ではありますけれども、ある意味貴重な、そこから何を学べるのかということを語っていきたいと思います。久住市長は災害の経験を生かされて、本当に先進的な取り組みを見附でされていると伺っています。見附だけではなくて、全国の水害対応ということではリーダーシップを発揮されていると伺っていまして、皆さんだけではなくて、私自身も今日どんな話が伺えるのだろうと非常に楽しみにしています。

市長、二年間たって、あの時どうだったのかという記憶が薄れていってしまう危険もあるわけですが、あらためて二年前にいったいどんな水害があったのでしょうか。三条だけが大きく伝えられているが、見附も二千戸を超える家屋が浸水するなど大きな被害があった。しかし、当時はそれほどメーンでは報道されなかったわけです。見附における7・13水害は、どのような災害であったのかというのを振り返っていただけませんでしょうか。

久住　私は民間からの出なので、市長になったときの日常的な仕事については想像といいますか、覚悟もできたのですが、いざという災害のときにどう対処するか、これは自信がなかったですし、そんなことは実はあまり考えていなかったということなのだろうと思います。刈谷田川は小学校、中学校、すべての校歌に出てくる川で、そこで私も魚を釣ったりした思い出がある。そういうふるさとの川なのです。それで、私は帰ってきて市長になった時に、整備された川の中では日本で最も安全な川だという形で報告を受けていて、まさか川の関係でこのような災害が出るとは思っていなかったのです。

今回、あらためて考えてみますと、一日三百ミリ以上の雨というのは、私どもの町でいうと六月、七月と二カ月分の雨が一日で降ったということになる。後で大学の先生たちがいろいろと調べたら、守門岳からここに流れる今回の雨量は四百五十年に一回だということでした。それだけ珍しい雨が降って、その結果としての災害でした。ただ、私自身はあまり思い出したくない、人の生命を含めて町を左右する、決断を求められることは二度としたくないと思っているのが実感です。しかし、地震を含めて百日のうちに二度の激甚災害をまともに受けた町というのは、歴史上あまりないでしょう。そんな中で皆さん一生懸命いろいろな体験をされた。それを何とか検証して、良かったこと、悪かったこと、将来、絶対この経験を生かすべきだ、二度とやりたくないために何ができるかということを一生懸命考えた結果が、ある面では他の自治体の皆さんなどいろいろな方々に聞いて、なるほどなと思ったことが多い。それだから、市長、おまえが来て話せと。一昨日も茨城県つくば市にある国土地理院で二時間話をさせてもらいましたが、「防災」と「減災」という言葉で言いますと、私どもの自治体という、暮らしの前線のところでは、根本的に災害を止める「防災」という面では、私どもにできる力はありません。これは国の専門領域と技術、能力を含めて防災に対するいい知恵を出して、技術も開発してもらう。ただ、私どもにできるのは「減災」、減災というのは災害当初に何をなし得たか、何ができなかったか、これによって災害の量と質が大きく違ってくるという、それを体験したのです。災害が起きつつあるところに六時間、十二時間、何をやったら同じ災害の中でも被害が小さくなるか、少なくなるか、これが減災なのです。暮らしの前線にいるところ、私たちは特に減災のためには何をすべきかということなのだろうと、そのあたりを今思っているところです。

鈴木　四百五十年に一回ですか。逆に言えば、そこから学ぶことも多いのでしょうけれども、かつて百年に一回とか二百年に一回といわれたような雨の降り方とか災害の起き方が、温暖化の影響といったこともあるのでしょう、二十年に一回ぐらい起こる可能性もあることが改めて証明されたという気がします。

久住　日本全国、役所も含めて今認識していることは、今回の経験で、災害に絶対はないのだということをあらためて思い知らされたのだろうと思います。私は市長になった時に、刈谷田川はもう安全ですよという言葉があったのです。しかし、今回の災害の後、日本全国でどんなに整備されたものであっても、災害はそれを超えるものがあるのだという覚悟といいますか、それが当たり前のように語られるようになった。これは心の持ち方としてその体験が生きているのだろうと、今、そんなふうに思っています。

鈴木　見附会場ということもあり、事前に見附市史を開いてみました。見附の明治の古地図が載っていまして、この辺一帯の刈谷田川は、今はかなり改修されて真っすぐになっていますが、ものすごく蛇行して、蛇行の所々に集落があるという感じの村だった。言ってみれば、この町は刈谷田川の氾濫原の上に育った町だということもできるわけです。そういった意味では、それこそ安全は絶対ではないといいますか、そういう心構えが問われるということだと思います。

それで、先ほどの市長の初動対応が大切だというお話がありましたけれども、今回の災害でも避難勧告の出し方について見附の場合は比較的早く判断がなされて、避難がなされ、幸い死者も出なかったと聞いています。それにしても出すことも解除することも非常に難しい判断だと思いますが、今回の災害ではどのようなご苦労がおありだったのですか。

久住　見附市では火災は別でしょうけれども、多分7・13の水害まで、災害対策本部とか、そういうものがこの何十年ほとんどなかったのだろうと思います。ただ、その中で水防について今言われたように刈谷田川は随分と蛇行して、この町の整備ができる以前は、氾濫との歴史の中にいたので、そういう流れの知恵だとか覚悟みたいなのがあったようです。水防という組織がいち早く動く、そして川の様子を調べる、というのがまだこの町はありました。その面でかなり早い段階から各地で動いていた、その情報が入っていたというのがありました。そんな中で、異常な雨の状況ですよという連絡は秘書から早めにもらって、それで多少早く駆けつけることができた。その時にアドバイスがあって、防災服を着ていこうというのも偶然ながらあったのです。

ただ、災害対策本部自体が、市の職員のほとんどの人がやったことがない。今はこれだけポピュラーになりましたけれども、私は7・13水害の前には避難指示という言葉があること自体、知らなかった。避難勧告を知り、その上に避難指示というのがあることも知りました。それはどのような強制力があるのか。そういうのもあの災害の中の三十分、一時間の中でいろいろな情報を集めながらやったというのが、当時の状況だったのです。ただ、もう既に河川の上流の異常な状況というのも入っていて、下流の、特に今町地区、中之島のあたりを含めまして、これからもっとひどくなる。それから、ダムの状況もある程度報告がきまして、これから上流も含めてもっとひどい状況がくるのだという情報があった。避難勧告を今すべきか、もっと後にすべきかについての判断は、ちょっと分かりませんでした。ただ私自身の考えとして、今でもこんなにひどいのに、もっとひどくなるというのが分かってる、それだったら避難勧告を早めに出すべきだと。ただ、避難勧告というのは非常に難しい。というのも、私はまだ素人だったからそういう判断ができたのだろうと思いますが、今だから言いますが、避難勧告というのはすべての企業活動をストップさせることなのです。日常のすべての工場を止める。そしてその会社から人を動かすということですから、この町の経済活動を止めるということになるわけです。それをシビアに認知されていた方がいたとしたら、それを止める勇気と、止めた後の問題点、そして、それが災害にならなかったときの厳しさというのは知っておられたのでしょうね。そういう人たちは、「市長、空振りしたら大変なことになるから、もうちょっと慎重に指示を出すのを考えた方がいい」と、当たり前のように考えられると思いますが、そのあたり、私は経験がなかったから、ある面では早めに出せたこともあるでしょう。ただ、市の職員も災害対策本部をつくるのも初めてで、どんな椅子の並べ方で、どんなスペースがあって、どういう人に座ってもらったらいいかという経験もなかったので、できるだけ多くの人に集まってもらう、こんな形でスタートしたわけです。

鈴木　災害というのは異常事態なわけですから、通常の判断ではない判断をしなければならない。逆に言えば、直前まで民間におられたから、そこら辺の切り替えというのがうまくできたということがあるのかなという印象を受けました。

7･13集中豪雨

被害状況・経過報告・支援策

平成16年10月
見附市災害対策本部

・防災と減災
・初期対応
・災害検証（各8部門　24項目）

水害業務別検証テーマ一覧

部別	総務部	民生部	建設部	農林商工部
検証テーマ	**1.避難勧告等の判断と情報伝達方法の整備について** Ⅰ避難勧告等の判断基準の整備 Ⅱシンプルで迅速な情報伝達方法の構築 Ⅲ災害時における市民の避難行動 Ⅳ企業など住民以外への情報伝達方法の構築 **2.災害対策本部の機能整備について** Ⅰ災害経過に応じた適切な職員動員体制 Ⅱ情報収集、指揮命令等が迅速、的確にできる仕組みづくり Ⅲ役割分担が円滑に機能する体制 Ⅳ平時における防災教育、防災訓練 **3.被害調査体制について** Ⅰ被害調査体制の確立 Ⅱその他 **4.災害救助から被災者支援体制への円滑な移行について** Ⅰ災害状況に基づく被災者支援メニューの検討 **5.他組織との連携について** Ⅰ他自治体等行政機関との連携 Ⅱ自主防災組織、民間組織及び民間事業者との連携	**1.避難所の機能充実と運営体制について** Ⅰ食糧、備品、自家発電設備等避難所機能の充実 Ⅱ避難所の安全検証と避難所見直し Ⅲマニュアルの整備と市民との協働による避難所運営の円滑化 Ⅳ情報の共有化、伝達体制の仕組み Ⅴ市民の安否確認 **2.被災者の救護・健康支援について** Ⅰ避難所での救護・健康支援 Ⅱ被災者への健康支援 **3.高齢者等災害時要援護者の避難体制について** Ⅰ災害時の要援護者の避難に対する支援体制の確立 Ⅱ関係機関、関係者との連絡連携体制の確立 **4.救援物資の受入と配給体制について** Ⅰ食糧等救援物資の受入れと配給 Ⅱ近隣市町村の人的支援 **5.ボランティア体制について** Ⅰ災害ボランティアセンターの設置について Ⅱ災害ボランティアセンター閉鎖後の対応について **6.災害ごみの処理対策について** Ⅰ処理計画の確立 Ⅱ災害ごみ仮置き場の検討 Ⅲその他	**1.道路・橋梁・河川等の危険情報収集と発信について** Ⅰ現地確認体制の整備 Ⅱ関係機関との連携による情報の収集と発信 Ⅲその他 **2.迅速な道路交通の確保について** Ⅰ道路・橋梁等の通行確保体制の整備 Ⅱ仮復旧や交通規制による2次災害防止および交通の確保 Ⅲその他 **3.土砂災害危険箇所、公園、公営住宅等の安全確保について** Ⅰ各施設の安全確認体制の整備 Ⅱ仮復旧や出入り禁止措置による2次災害防止および安全確保 **4.公園等オープンスペースの利用計画について** Ⅰオープンスペースの多目的な利用方法 Ⅱ災害ゴミの一次集積場所としての機能	**1.産業被害調査の体制整備について** Ⅰ被害調査の体制 Ⅱ農林商工業の被害状況把握について **2.災害復旧業務について** Ⅰ復旧作業について

見附市

久住　見附市が災害の経験の話をしてくれと言われるのは、災害検証というのを一生懸命やった町になったからだろうと思います。災害検証というのは水害、地震、両方です。各八部門二十四項目六十三テーマに分けて、反省すべきこと、残すべきこと、これは良かった、今後こうするべきだというのを市民の皆さんと市の職員の体験を含めて整理してきました。今私たちができることは何だろうというのを、一年目に随分考えてきたということです。

これは、ボートで救出されるシーン。ボートに関しても今回、大変痛い目に遭ったのです。水害の時に、見附市には消防署にボートが一艇だけありました。これがそのボートかもしれませんが、しばらくすると空気が抜けて使えなくなった。後ほど自衛隊も着きましたが、実はボートはなかったのです。翌日まで国や自衛隊や消防、各県の警察の援助の下に救出した人が九百五十六人いたのですが、その人たちはこの雨の中で、ボートがないと救出できなかった。その時にボートがゼ

ボートで救出される市民

上空からみた被災状況

7・13新潟豪雨災害

ロという状況だったのです。自衛隊の人も持ってこられるのですが、ボートが来るまで随分時間がかかりました。この時に私たちを助けてくれたのが旧塩沢町、今の南魚沼市にあるラフティングの若者たち、ラフティング教室をやっている人たちから電話が来て、「市長、ボートはあるか」「ボートはない。何とか助けてくれるか。何艇持っているか」「九艇あります。七艇は八人乗り、二艇は二人乗り、どれだけいるか」「全部持ってきてくれ」ということで雨の中、ブルーのボートを中心に、塩沢から持ってきて、市役所の玄関で膨らませてくれて、それを使って当初の救出ができました。こういうのも、今ボートの写真を見ますと思い出します。上空からの被災状況というのを翌日の五時に、自衛隊のヘリコプターで見ましたが、広大な地域を、思ってもないところが切れた、破堤したというのが見受けられました。

　左上が小学校の駐車場です。これは名木野《なぎの》小学校というところで、実はここは避難所なのです。子ど

7・13新潟豪雨災害

もたちが朝まで何百人とこの中で過ごしてくれました。この車は小学校の先生たちの車と避難してきた人たちの車です。ここに水がくるという想定はしていなかった。想定以外のところが破堤して、その水がここまできたので、実は避難所がこういう形になったというのが上の写真です。自分の家の方に水がこなかったのに、わざわざ避難所に来たから車がだめになったという人たちも多かった。「だめになった車代、市長、面倒見ろ」というのがありましたけれども、こういう実態でした。下は水圧、水流によって崩壊した道路です。地震のものとは違うのです。濁流がかなりの水圧でぶつかってくる。幸い近くに人家がなかった、ちょっと離れているというのが、見附市が死者なしで水害を乗り切れたという背景もあろうかと思います。

そして、全国からいろいろな方たちにご援助いただき、ボランティアの皆さまもこの時に来てもらいました。いかにありがたいか、また日本は捨てたものではないと思った。三千四百人

ボランティアの様子

7・13新潟豪雨災害

ぐらいの全国のボランティアに見附に入っていただきましたが、その結果、私どももいざとなったらボランティアとして全国に駆けつけようという意識、仕組みが生まれました。こういうのがその当時の思い出として残っています。

左上がごみ、下もごみです。一週間後に小泉首相（当時）が来られました。三条とか中之島で現場を見られたそうで、見附市はあえて小泉首相はこのごみの中を歩いてもらいました。復旧・復興、特に復旧の段階で再チャレンジという気持ちを持つためには、暮らしの周りにごみ

産業団地に集められた災害ごみ

7・13新潟豪雨災害

小泉首相　災害視察

7・13新潟豪雨災害

がなくなるというのが、まず第一の段階だと思い、できるだけ早く私ども産業団地に町中からごみを集めました。そして、これが復興の場合の第一段階で一番大きい課題になる。においがする、煤煙を含めて出てくる。これは一つの町では災害処理できないという姿を見ていただきたかった。見附市では五千四百トンぐらい出てきました。見附市の一日のごみの処理量が六十トンです。ということは、ほかに毎日出てくるのを処理しないでこれに専念しても、九十日間かかるということでした。もっとひどい三条は、それ以上に時間がかかったわけです。地震の時はもっと量が増えましたが、状況を初めて国に対して認識してもらったというのが、この姿だったと思います。この災害ごみの中で、地場産業である繊維関連のごみも今回は一般の災害ごみと一緒に処理することについて、

人的被害 （人）

死　者	行方不明	重　傷	軽　傷
0	0	0	6

家屋（住家）被害 （棟）

全　壊	半　壊	床上浸水	床下浸水	一部破損
0	1	880	1,153	2

7・13新潟豪雨災害　被害状況

①公共施設等被害額状況

項　目	被害額（百万円）	内　容
土木施設(市)	746	道路、橋梁、河川、住宅、公園
土木施設(県)	2,403	河川、道路
農林施設	3,823	農地・農業施設、治山林道
教育施設	358	名木野小、南中、見附養護、総合体育館、北谷公民館
民生施設	25	中央保育園、名木野保育園
ガス・上下水道等設	1,010	上北谷浄化センター、葛巻汚水処理場、ガス供給管施設、水道配水管施設等
合　計	8,365	

②農業被害額（民間被害）

項　目	被害額（百万円）
農作物	393
農業用機械	1,393
農業用施設	191
農業被害額計	1,977

③商工業被害額（民間被害）

項　目	被害額（百万円）
商　業	581
工　業	3,154
その他	242
商工業被害額計	3,977

④民間住宅等被害額推測

項　目	被害額（百万円）	内　容
民間住宅等被害額推測	4,088	国土交通省資料により推測

被害総額　18,407,000,000円

7・13新潟豪雨災害　被害額

小池環境大臣（当時）にお願いして了解してもらったという経緯もありました。
幸いというか、死者・行方不明、重傷者はなしという形で、二千超の世帯が床上・床下浸水、この中で何とか復旧に頑張っていただきました。
水害における各被害額の総計は百八十四億円、これが見附市で計算された被害額の各項目別です。

鈴木　やはり写真を見せていただいて、大変な災害だったと感じます。百八十四億円という額にも驚かされますが、やはり普段から備えていないことが、どれだけ現場での混乱につながるか。避難した先が川に対して低い、被害に遭う土地だったとか、備えて調査しておくということが、どれほど大切なのかと考えさせられます。ごみの問題というのは、水害の被害として直接出てこないのですが、これも非常に大きい災害の一部なのです。

久住　だから、各家が立ち直るのに頑張ろうとしたときに、ここのところをクリアしないと生活の復興に結びつかない。心の復旧ということにはならないのだろう。これについて、私どもは産業団地という場所があり、助かったけれども、そういうものも事前に、行政は頭に入れておく必要があると今回つくづく思いました。見附市は地震でも四百億円以上の被害がありました。ごみの量もこれよりも多かった。ただ、地震の翌日からごみをとにかく出してもらって、早く処理しようという、私どもの担当も同じ意識でした。ただ、余震があれだけ続くと思わなかったので、翌日からごみのことを考えるには早すぎるじゃないかと。災害時のごみの処理は早めにしようという意識は、この水害の時に植え込まれたのだろうと思います。

7・13水害から見えてきた地域社会の課題

鈴木　災害検証ということで二十四項目整理されたということなのですが、どういう教訓、課題を見つけ出して整理されているのかということを説明していただけますか。

久住　いろいろな項目があります。例えば初期段階、特に初期対応というところ。先ほど減災と申し上げましたが、ここについて一番私どもが考えるところが多かったと思います。情報などが限られた中で判断しなければならないというのは二度とやりたくない。先ほど言いましたが、どんなことがあったら客観的にものが判断できるのか、そういうものを考えてみたというのが、初期の四段階と私どもは考えてみました。

まず、特に豪雨の関係でいいますと、どんな状況なのか、どういう情報が必要か、それをどのように入手できるのかというものが一番目の整理でした。まず、刈谷田川ダムというのがあるのですが、ダムがどんな機能をして、今一秒間に何トン雨が入っていって何トン出している、今ダムの水位が二百五十メートルというのが、緊急放流量の約二百七十二メートルになるためには、あとどのくらいキャパシティーがあるのかというのも含めて、実は電話でやり取りしたのです。それ以降、見附市の刈谷田川については、ダムがどんな状況かというのをぜひ情報として知りたかった。国、県にお願いしまして二十四時間、今刈谷田川ダムがどんな状況にあるのかという情報が入る仕組みにさせていただいたのです。

鈴木　電話でなくて、モニターで。

久住　モニターがあって、コンピューターで出る形になっています。それで、今どういうダムの状況か、それが全部二十四時間見えるようにしていただきました。

そして河川の水位。今、私どもは六か所、栃尾や刈谷田川ダムから本川、それから塩谷川などの支川も含めて自動水位計があり、これも二十四時間、十分ごとに情報として入ってくる。そういう情報が今までなくて、見た感じでしか分かりませんでした。これも自動水位計を付けてもらいました。

もう一つは、民間気象会社のピンポイント気象情報。7・13の時に偶然ですけれども、もう既に衛星の整備がされていて、五キロ四方の天気予報ができるとか、今度の小学校の運動会が晴れているかどうかとか、そういうところも分かるだけの技術になっているという話は聞いていたのです。刈谷田川に関係する地域は、雨がどれだけ降るかで影響が全く違うわけです。守門岳に降る雨が分かると、刈谷田川に影響するというのがあって、それはひょっとしたら民間の会社に頼めばやってくれるのではないかというのがあったので、電話をして、二十四時間いつでも気象情報を教えてもらいました。実は7・13と言いますけれども、結局、八月六日までずっと続いたのです。7・13の避難勧告といわれますが、八月六日まで多分十二回避難勧告、避難指示を出したと思います。七回解除した。そのたびに私は電話をして、予報士のアドバイスをもらった。ところが、気象庁の人に怒られましたけれども、テレビに出ているのは長岡地域の予想。長岡地域といったら広いわけです。刈谷田川に関係する地域に、雨がどれだけこれから降るのかというのが一番心配なところで、これが私どもはある程度予想できたのです。多分五十回か六十回、二時でも三時でも雨が降るたびに聞いたと思います。見附市に大雨が降っても、栃尾市、守門が晴れていることもあったし、見附に雨が降っていなくても、守門、栃尾に降っていることもある。そこで電話をして、「この雨はどうだ」と、「見附だけの雨です」「栃尾、上は降っていません」という情報があれば、「心配いらないから今のうちに休んでおけ」と徹夜が重なった職員を休ませることができた。見附市が晴れていても栃尾と守門が大雨だと、職員は見附しか見ていないからのんびりしている。しかし、緊張が必要だ、というアドバイスができたということから、小泉首相へ四項目提案した中に、これが入っていると思います。こういう技術が日本で開発されているのだから、これを全国に、いざというときにはこういうものがあるのだというものを伝えるべきだし、利用すべきだと思います。現在はそれで二十四時間契約しております。これが第一段階です。

鈴木　これは県内の自治体では最初ですか。

久住　長岡も新潟も契約したと思います。三条も今度されるのかもしれませんが、そういう形で今全国に広まっているのだろうと思います。気象庁も負けないように、「私どもも今度やりますよ」と一生懸命私に説明に来ていますから、いいことだとは思います。

二段階目として、ダムがどうなって、各河川の水位がこうだ、天気予報はこうだったけれども、その関連がどうかとか、そういう情報をもらっても、それをどのように判断するかというのがないわけです。私がいなくても客観的にある程度みんなが常識的に判断できる、その関連性の分析表が必要だろうというので、河川情報一覧表を作ってみたのです。だから、ここの水位がこうで、ダムがこうなったら、ここは避難を出すべきだとかというのを分析できるようにした。

また私どもでは第三次配備という中に災害対策本部を設置するレベルになります。先ほど言いましたように、災害対策本部というのはどういうふうにつくったらいいか誰も分からなかったのです。だから、私どももみたいな自治体でも必要な対策本部はどういうものだろうか、誰が入るべきか、そして相談すべきかというのを私どもは考えてみました。偶然ですが、この見附市には後ろに消防署があって、前に警察署がある。それでも九百五十六人を助けるためにみんな情報が違うのです。情報が警察に入ると警察が助けに行く、消防に入ると消防が助けに行く、連携がなかなかできないというのを瞬時に思ったので、私の目の前に消防指令をおいてくれということで、私の二㍍前に消防司令が来てくれた。警察にもお願いした。司令を私の目の前に座ってもらえないかとお願いして座ってもらったのです。それから三時間後に自衛隊の連隊長が来て、「悪いけれども、私の横の五㍍のところに十二人ぐらい座れるから、そこに座ってくれ」と話をした。助けを求めた人たちを、「誰が助けに行くか」と私が大声で言うと、「それは自衛隊、私どもがやります」「私は土地勘がないから、消防署の人が一緒に現場に行く」、こういったことで連携が随分良くなった。市の対策本部に警察、消防、また自衛隊から来てもらって参加してもらうという仕組みをつくったというのが二つめです。

第三段階は、避難準備が必要だ、避難勧告をしようといってから、その決断を市民にどのようにお伝えするか、情報の発信ということです。これもたくさん失敗しました。広報車というのがあって、雨の中は窓を閉めている家の中で聞こえるわけがない。それに車が動きながらだと聞こえないから、止まって話さないかと怒られた。そういうことから、市民に危険情報をどう伝えるかというのが必要だろうと思って、まず一つはサイレンを考えたのです。サイレンは十五個だけでしたが、今は三十二に増やしています。いずれにしても昔からあったサイレンです。この町で何か危険が起きているというのが言葉でなくて、まず伝わるという、それを必要な情報として出していく。「避難準備」と「避難勧告」、「避難指示」の三段階で、とにかくこの町で何か異常事態が起きようとしているというのを、まず連絡するというのが、サイレンの役目です。

それから、そのサイレンが具体的にどんな危機が迫っているかという内容を伝える手段としてファクスを考えたのです。電気が止まってしまえば使用できないのですが、これから溢れるだろうとか、そういう段階はあるので、その危険の情報をファクスで百七十一人の区長さん、それから企業、福祉施設、そういうところにサイレンの鳴っている内容をお伝えするという仕組みです。このほかにも無線だとか携帯メールをやっています。中越地震の時に携帯電話は使えなかったけれども、メールは結構使えた。だから、ファクスと同じように見附市民に登録してもらえば、サイレンが鳴っているファクスの内容をメールで発信できるということで、今、見附市民の人たちに緊急メールの登録をしてもらっています。エフエムラジオ新潟とも契約させてもらったりとか、このほかに幾つかありますが、一つのもので完璧というのは多分ないだろうと思います。今ある技術をもって繰り返し、そういう幾つかの方策をもって危険情報をできるだけ的確に早くお伝えする。これも従来、あまり考えていなかったのを今回整理させてもらったというのが三つ目です。

そして四つ目。その情報をもらった市民がどのように避難するか。この仕組みがないと避難弱者とか避難困難者の人は、亡くなってしまう場合も出てくる。その仕組みを公助という、公で全部やるのは難しいので、自分で避難できない人は見附市には今千四百四十八名、八百五十六世帯ありますが、手を挙げてもらって、近くの幾つかの家庭が、いざというときに自分が避難する前に、その人たちを第一避難所まで連れていくという仕組みをつくろうというのが防災ファミリーサポートといいます。まだまだ十分ではありませんが、こういう仕組みをコミュニティーの中でつくっていこうと。ご存じのように自主防災組織、これはまだ見附は少ないのです。今は六十二、来年までに百にするということを消防署と一緒に一生懸命やっています。この中に防災ファミリーサポートも入って、自分たちの町は自分たちで守ろうというコミュニティーのある町というのは、防災を切り口にしたらもう一回つくれると思っています。ハザードマップもサイレンの形とかいろいろやってこの一月に作りまして、市民の皆さんにお上げしたと、こういうプロセスをさせてもらいました。

現状の取り組み

①判断に必要な各種情報の収集
- ダム、河川水位の情報
- 民間気象会社によるピンポイント気象情報

②情報分析、判断
- 河川情報一覧表
- 行政、警察、自衛隊が連携した対策本部の設置

③情報の発信
- サイレンによる避難情報の伝達
- 嘱託員宅、福祉施設などに防災FAXを設置
- MCA無線を避難所、広報車に配備
- 携帯メールによる情報の配信

④避難誘導のための方策
- 防災ファミリーサポート制度の確立
- 自主防災組織の充実
- ハザードマップの整備

①判断に必要な各種情報の収集

- ・ダム情報
- ・河川水位の情報
- ・民間気象会社によるピンポイント気象情報
- ・携帯電話からの現地映像収集

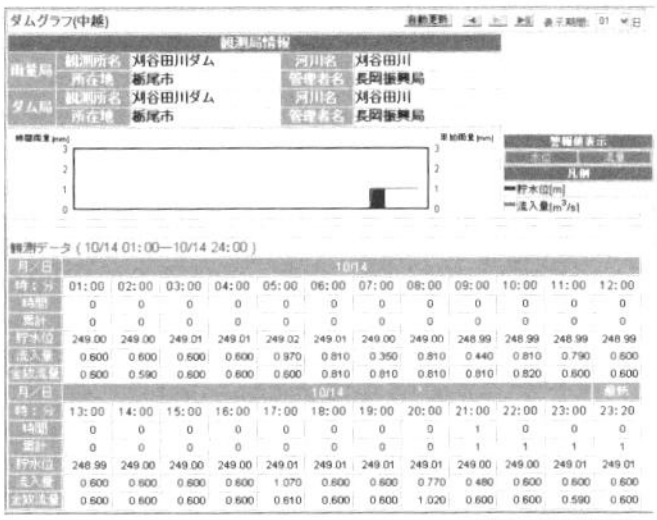

ダム水位情報

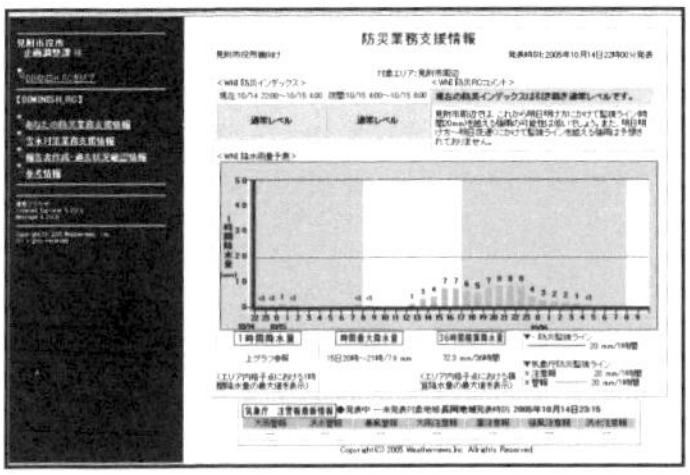

民間気象会社によるピンポイント予報

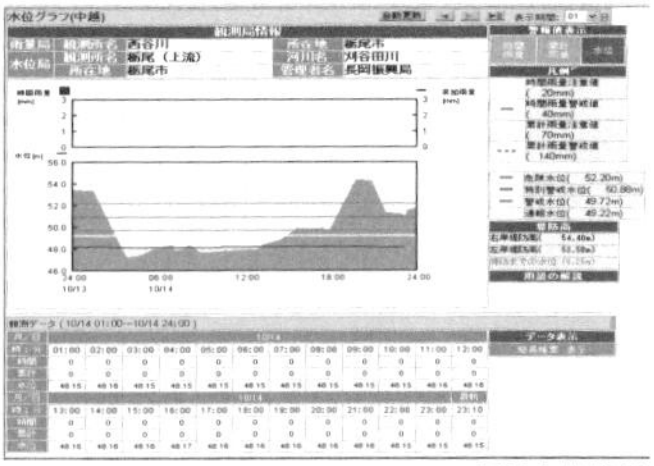

河川水位情報

②情報分析、判断

- ・河川情報一覧表

刈谷田川非常配備・避難情報発令分析表

平成17年6月27～29日

体制	日時時間	栃尾雨量	刈谷田ダム			刈谷田川の水位状況（m）												見附雨量
			満水時水位271.5・常時水位249.5			栃尾 警水 49.72		栃尾塩谷川		本明		開運		大堰 警水16.33		今町（大橋）		
		(mm)	貯水（m）	流入m3/s	放流m3/s	水位（栃尾	堤防まで	水位（塩谷	堤防まで	水位（本明	堤防まで	水位（開運	堤防まで	水位（大堰	堤防まで	水位（今町	堤防まで	(mm)
警戒準備体制	23:05(27日)																	
第1次配備	4:56(28日)																	
第2次配備	5:30					49.73	4.67			23.49	5.12	16.92	6.52			12.97	6.85	
	6:00	8	249.15	52.04	44.06	49.76	4.64			23.80	4.81	17.40	6.04			13.61	6.21	3
	7:00	8	249.24	46.43	44.28	49.69	4.71			24.10	4.51	18.14	5.30			14.85	4.97	4

日時時間	警報・警戒・気象予報情報 気象庁＝気・県＝県・ウエザー＝ウ	下水・内水・道路状況	（嘱託員・庁内）情報 嘱託員＝嘱・庁内＝庁
23:05(27日)	庁・ウ：長岡地域に大雨警報発令		庁：大雨警報発令（インフォメーション）
4:56(28日)	県：ダム警戒体制	1:30葛巻処理場ポンプ稼動	
5:30	ウ：7時頃まで市内5−10mm/h、栃尾10−15mm/h。その後日中にかけ雨が残る	5:25建設課パトロール開始（4班）	
6:00	県：刈谷田川ダムサイレン吹鳴（河川敷・堤防内にいる人への注意サイレン）	建設課：河川、道路パトロール携帯カメラにて報告（異常なし	嘱：刈谷田川サイレンの説明をFAX
7:00	ウ：6：48今日昼頃までは刈谷田上流を含め時間30mm前後の強雨の可能性があり		庁：名木野小学校、南中学校、養護学校 自宅待機決定、桜保、中央、漆山、名木野、すみれ保育園 自宅待機決定

鈴木　情報を集める、それから判断して決定する、それを伝えて、伝えるだけではだめなので、実行に移すという、非常にシステム化されて、整理されているという印象を受けました。河川情報一覧表というのは、要するにそこに何らかの数値を入れていけばほとんど自動的に作成され、これからの対応について、客観的な判断が誰でもできるということでしょうか。

久住　例えばこのような表になっていて、二十四時間こういう情報が入ってくるようになっています。これが去年の六月二十八日に雨が降った日の情報です。何分にこういう水位があって、こういうふうになりました、そしてこの段階だから第二次配備に何分やりましたと、こういうものから含めて情報が入ってくる。これを見ながら去年も、これを私どもは、「準備情報発令せず」と。ちょっと生意気な言い方になったのですけれども、見附市だけが発令しなくてよかったというのは、この分析があって、去年の六月二十八日に、災害対策本部をつくる前の、警戒本部の段階で、これをベースに多分七人ぐらいで話をしました。そして、私はこういう段階だから対策本部もまだつくる必要がないし、今の段階だとダムから緊急放流というか、昨年のようになるまでは七十時間以上余裕があるという計算だったと思います。そして、ほかの水位はそんなに上がっていないということを見れば、ここで弱者の人に逃げてほしい、ここで避難所を開設するという判断に至らないとなった時に、七人が七人とも私もそう思いますというふうになったと思います。こういう面で、一つのベースになった。刈谷田川とほかでは違うと思いますが、各河川の特徴に合った分析の仕方というのをこういう形で作れると、私が出張でいなくても、他の人でもおのずと、ある程度の定量的かつ客観的な判断ができる基準を見附は可能にしたと思います。

鈴木　先ほどのお話で、勧告を出せば半日分の経済活動を止めるという、それだけの思い、決断になるわけですが、出さない決断もできるということですね。

久住　それが多分一番大事だと思います。だから、7・13水害の際、市民、マスコミ等から避難勧告の発令が遅かったとの指摘を受け、避難勧告の前の段階として、「避難準備情報」を

・対策本部の強化

行政、警察、自衛隊、電力会社、NTT、医師会等の連携

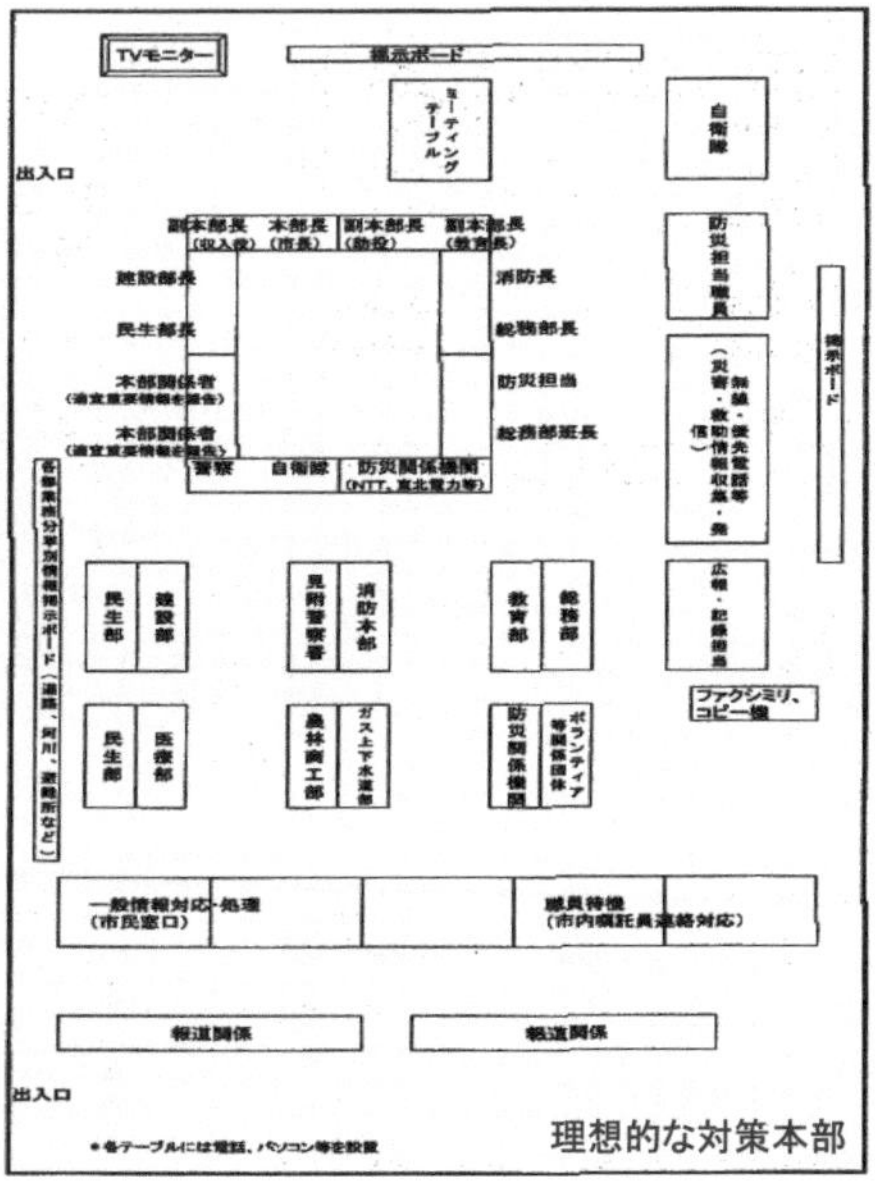

理想的な対策本部

つくろうということで、水位についても特別警戒水位というのをつくったのです。去年、それに基づいて長岡市も三条市も避難準備情報を出した。見附は出さなかったということなのですが、逆にそれをやると、繰り返し何回もやらなければいけないシーズンがあるのだろうと思います。私は今、国土交通省の「洪水等に関する防災用語改善検討会」の委員をやっており、大議論しているのですが、警戒水位を超えたけれども、上流は雨が収まって、そしてこれから少なくなる一方だと分かっていても、今の水位が上がったから避難勧告を出すべきなのか。勧告が出て避難した時から、川の水位が下がり、それを繰り返して空振りばかりしていると狼少年になってしまうという危惧がある。東京でその議論をやっていますが、上流から含めてそのあたりの判断が全体的に見えるというものが必要だと。

鈴木　往々にして行政は後で非難されることを恐れて、一度災害があると、「あつものに懲りて、なますを吹く」ような判断をしてしまいがちですが、客観的に判断できるデータを自分のところで持つことの意味というのは大きいですね。

久住　各自治体が知恵を出して、そのあたりの分析をして、百パーセント正しいとは思わないで、ものを考えるときの基本ベースにはなるのだろうと思います。こんなふうに見附市は試行錯誤で作ったということです。

次に、見附市で言う理想的な対策本部と勝手にタイトルを付けましたけれども、これは一つの例です。私どもがいて、情報をどこで取るか、それから現場のテレビ映像から入ってくるのをどこで見るか、そして総務から含めて消防、警察、自衛隊、それからＮＴＴ、医師会も含めて、災害においていろいろな段階でいろいろな人たちが情報を共有して動いてもらわなければいけない。こういうのを事前にある程度整理して、いざというときにここにその部門の代表に一人座ってくれと、こういうのを自分たちで考えてみた。災害が起きたら、国や県のようにそういう部屋があるわけではないので、去年、防災訓練の時に現場に近いところで多少コンパクトにしたのですけれども、そういうのを立ち上げてみました。

鈴木　これは感心したことなのですが、右側の下の方にボランティア本部の席があります。震災の時もそうだったのですけれども、ボランティアの方たちから行政側の情報が入らず、どう動けばいいか分からなかったという話をかなり聞きました。

久住　これも後から褒められたのです。現場サイドの人たちが、「ネーブルみつけ」という施設がありますが、そこでボランティアセンターを立ち上げました。これは岐阜県高山市の人たちが来て、教えてもらってやったのです。その人たちの横に私どものまちづくり課があります。そして、市のボランティアセンターとか青年会議所の人たちとか、福祉団体の人たちが一体になっていろいろなところでものを考えてくれた。これが比較的うまくいったのだそうです。私はその現場におりませんでしたが、後から何で見附市のボランティアがうまくいったか、岐阜のラジオからわざわざ取材されたりしました。私は、「助けてくれる人はどんどん来てください」とお願いした。ところが皆さんは、他の自治体にはなかなか入れない。私の方からいろいろな自治体の長に、私の町ではこんなグループにすごく助けてもらった、と伝えた。そして京都から重機を持って駆けつけてくれた会社がありました。それは私どもよりもっと専門的に、動かせないような木も泥も除いてくれた人たちがいて、ところが、その人たちがよその市町村へ行くと災害ボランティアのことを知らないから受け入れてくれない。私は二人の首長さんに電話して、「私どもの役目が終わって、そちらの方に行きたいというので聞いてやってください」ということで、逆に感謝されているというのもあります。だから、ボランティアの対応というのをもう一回整理して、と私どもは考えております。

鈴木　私も当時水害を取材していて、見附はうまくいったのだという話を聞いたことを思い出しました。それが、この理想的な対策本部にも生かされていると思いました。

③情報の発信

- サイレンによる避難情報の伝達（15か所増設し32か所）
- 嘱託員宅、福祉施設、学校、企業などに防災FAXを設置
- MCA無線を避難所、広報車に配備
- 携帯メールによる情報の配信（NTTドコモに要請中）
- 見附市ホームページ、携帯電話向けサイトに情報掲載
- エフエムラジオ新潟と災害時緊急情報放送に関する協定を締結
- 地域イントラネットによる防災状況提供システムの構築（導入見込み）

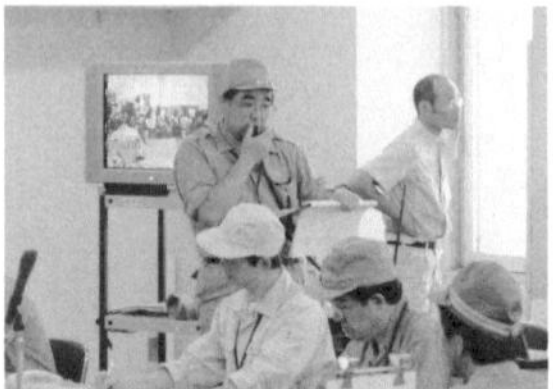

MCA無線、携帯電話からの映像の様子

新設されたサイレン

久住　それは、この段階であったということではなくて、その後で、今後やるならここまでいこうと。ただ、偶然にこれに近いものが試行錯誤の中である程度あった。あれだけ長い間対策本部をやった中で、みんなの意見を聞いた上で整理してみたら、こういう組織、こういう団体に入ってもらいたいと思ったわけです。

これも実際に去年、防災訓練の時にやってみたことです。サイレンも十七個増やしましたが、まだ足りないかもしれません。昨年の六月十九日に防災訓練をやった時に、実際に三段階のサイレンを鳴らしておいて、聞こえなかった場所などいろいろ調べて、十七か所サイレンを増やしました。そして、発信はサイレンを利用しました。さらにファクスも利用しました。

それからＭＣＡ無線というのがあり、これは警察や消防が本部と一つの避難所がやり取りしている会話をほかの避難所でも聞くことができる。何が足りない、何が必要でこういうことが問題だということを、ほかの避難所でもみんな聞こえているわけです。そして、自分の必要

④避難誘導のための方策

・防災ファミリーサポート制度の確立
・自主防災組織の充実
・ハザードマップの整備

防災ファミリーサポート

自主防災組織

な情報だけをピックアップすればいい。役所の情報もＭＣＡ無線というのを入れている。これは機能的に非常にスムーズにいくのだろうと思っています。

それから携帯メール。これはＮＴＴドコモの社長さんに直接お願いしたことなのですが、一斉に配信するのに、大変な支障があったのです。それは、携帯電話の迷惑メール防止対策に、一か所から同時に千や二千の相手先へは出せないようになっていたのです。ドコモさんで三十、ａｕとかボーダフォンでは四個か五個ぐらいです。だから、二千名に出そうとしたら四十分も五十分もかかるというのを一生懸命お願いして、どうにか十分間に二千ぐらいメールできて、今度一万にバージョンアップする形になっています。こういうことを半年ぐらいやり取りしているところです。

それとホームページ。これは携帯電話にサイトとか、多分地震の時にも水害の体験があったので、私どもの町の防災情報というのは充実したのだろうと思います。随分携帯で見られて、車の人たちがよく分かったと言われて、これは職員も含めて随分頑張ってくれたものでありまス。エフエムラジオ新潟と提携し、それから地域イントラネット、これはこの一月に完成しました。携帯でＦＯＭＡを使って、川の情報などを行った人たちが見せてくれて、私ども本部でその現場の映像が見られるという形になっています。現場へ行った人たちが、ＦＯＭＡを使って「市長、今の川の水嵩はこんなですよ」というのが本部の映像で見られ、移動しながら見えるという形になっています。
　それから誘導です。ファミリーサポートという形なのですが、いい機器がないのです。おんぶ紐などいろいろなことをやっているのですが、業界の皆さんにいい知恵を出してくれと、一人が一人をうまく早く避難場所にお連れできるようないい器具を出してくれということで、車椅子のメーカーにもお願いしているのです。砂利道でもスムーズにいく、そんなのがあれば非常にいいでしょうし。

鈴木　先ほどのファミリーサポートは、もう組織化されつつあるのですか。

久住　どのくらいのところが必要か、さっき八百五十六世帯、千四百四十八名と言いましたが、その手を挙げてもらうのに一苦労しました。個人情報を扱うわけですから、十分な配慮が必要です。見附市にいざというときに逃げられない家庭がこれだけあるといったら、その情報を悪用する人間もでてくるかもしれない。そういうものに注意しながら、かといってそれがないと助けられない。だから、全域に分かるのは無理だけれども、エリアを区切って情報をオープンにさせてもらうというご本人の同意を得て、構築している最中です。千四百四十八人に対して二倍の家族が助けるというネットワークづくりというのは、まだ完成していませんが、それに向けて今努力をしているということです。

鈴木　介護サービスの方たちのネットワークというか、そういうものも活用されたいと。

久住　特に弱者、避難困難者の人たちを本格的な避難所に、またケアできるところにお連れするというときに、7・13の時は救急車しか使わなかった。落ち着いてからよく考えてみると、これだけ介護保険が広く住民に浸透し、介護専門の車両が町を頻繁に走っている。それを活用することを忘れていました。その面で今回のこういう防災ファミリーネットでは、第一避難所までは近くの人たちに協力してもらう。そこに集まった皆さんを車でお連れするために、市の救急車だけではなくて、近くの企業のマイクロバスとか介護の車とかをネットワークするということなのです。これを含めて今、構築しようと思っています。

鈴木　自主防災組織とは、既存の消防団などとは別の組織として組織化を進められているのですか。

久住　一緒にしてもらいたいと思います。消防署が今までやったのは、どちらかというと火災を中心とした自主防災組織でした。そうではなくてもっと簡単な、お年寄りでもできる範囲。従来の自主防災組織というのは、消火をしましょうとか、そういう形になると、ある程度の力も必要となります。そうではなくて、逃げられない人たちの肩を抱いてお連れするとか、大声を出して周りの避難を促すとか、そういう面での防災組織という、もうちょっと〝柔らかい〟ものを広げて、自分たちの地域を守ろうという発想での防災組織と思っております。

鈴木　「公助」と「共助」、「自助」というのがキーワードになってくると思うのですが。

久住　まちづくりというのは「共助」ということだろうと思います。協働のまちづくりというのは至る所でやっていますから、要は「共助」をつくるというのは多分、郷土のまちづくりということなのだろうと思います。そこが日本のまちづくりの中で一番重要視されている。それができると、いいコミュニティーの町になるし、住むことに楽しみとかを感じられる、魅力あふれる町になるのだろうと思います。私が東京に出ていた時、何年いても隣には分からない人がいた、そういう都会生活をやってきた。多分これから二十一世紀はプライバシーよりもコミュニティーが大事になる、あるテレビ番組でそういう発言をさせてもらったのですが、そういう時代になる。それが多分日本のまちづくりで大事なところで、それが防災というきっかけで再構築できる、そういう要素を持っているのではないかという気がしています。

鈴木　先ほど話が出た個人情報については、新聞社も非常に困っているのです。杓子定規にそういったものを適用するというのは、地域づくりとは非常に矛盾するところもありますよね。

久住　去年の十月に見附で防災シンポジウムをさせてもらって、柳田邦男先生に来てもらったのです。その時に柳田先生に言ってもらったのは、コミュニティー、プライバシーの個人情報があるけれども、もっとはっきり言うなら、「命」がもっと大事なのだ。その点はもっと責任を持って、自信を持ってやるべきだと。そこのところをプライバシー、個人情報が今みたいに犯罪に使われると問題ですけれども、それはもっと越えるべき項目になっているのではないか。それをもう一回見直そうと柳田先生が言われまして、「なるほどな」と私は思ったのです。

鈴木　逆に言えば、地域がしっかりしていれば、個人情報がどうのこうのとか、あまり言わなくても済むというか、そういう地域をつくることが根本的な犯罪防止になるのかもしれないですね。災害ももちろんですが。

久住　地方はそういう形で成り立っていて、それで隣のことを世話しているところ、口を出してはいけないところが〝あうん〟の呼吸ではないけれども、それで村ができて、町ができて、隣近所がいたというのが、今懐かしく思われているのでしょう。本来、そういうのが求むべき暮らしであって、日本が近年忘れてきたものが、これから二十一世紀はもう一度大事になるだろう。それがある地方に今度は人が動くだろうと、そういう町になりたいと考えているベースがあるのです。

水害に強い安全な地域づくりに向けて

鈴木　非常に整理された形で新しい取り組みをきちんと戦略的に進められているという印象を強く受けました。そうやって進めていても、先ほどから市長が何度もおっしゃっておられますけれども、それでも百パーセント災害を防ぐことは不可能なわけです。今日のタイトルは自然と対《たい》峙《じ》するという言葉が使われています。対峙するというよりも、災害を起こすこともあれば、恵みをもたらしてくれることもある、川と一緒に暮らしていくという視点でのこれからの地域づくり、川と共生していくという地域づくり、それをつくっていくということになるのですが、川と一緒に暮らしていくための防災、減災をどう進めていくのかというところからお話をいただきたいのですが。

久住　災害の中で長い間、みなさんいろいろな形でかかわってきて、見附市においてはこんな避難所が理想的だというのを、取りあえずつくろうではないかと。お年寄りはトイレの近くにいた方がいいのか、ペットを飼っている家族はどのあたりに座ってもらうのがいいのか、食料はどこで出したらいいのか、いろいろな情報はどこに、そして寝るところについてのいい知恵とかボーダーはどうするか、プライバシーのところをどんな形にするか、いろいろな希望もあるし、それを含めて一度私どもができる力で考えてみた。指定の十九か所ぐらいに食料品を含めておいてありますが、それをベース

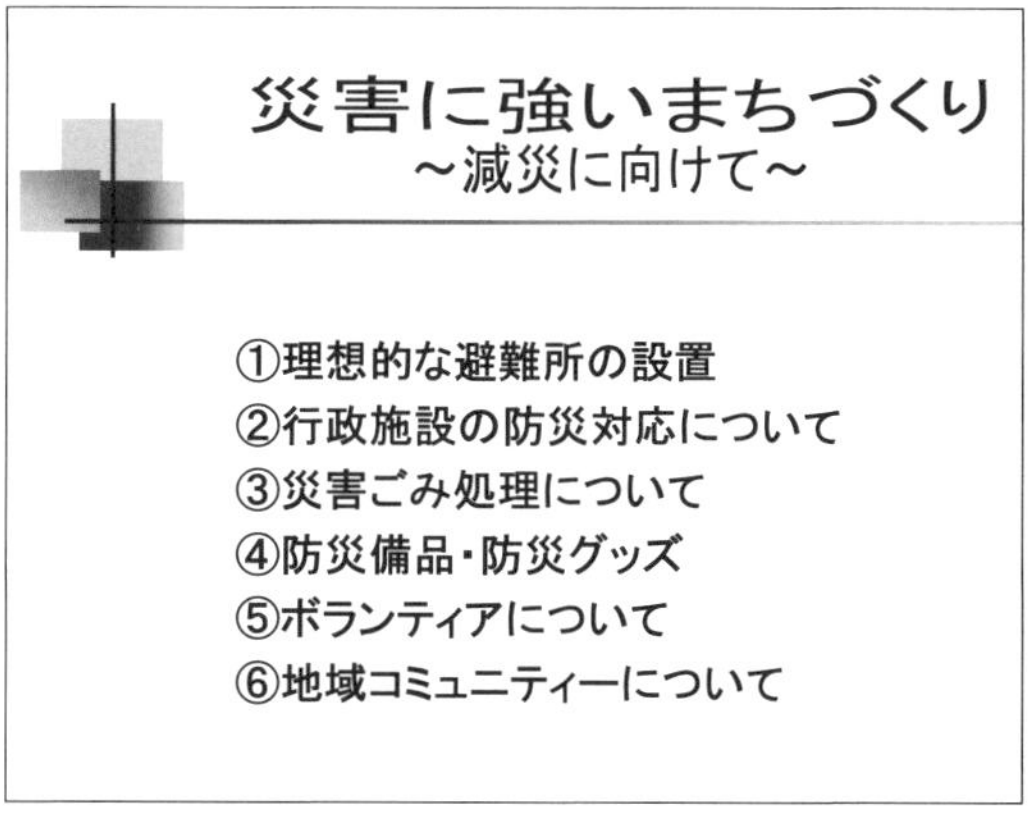

災害に強いまちづくり
～減災に向けて～
①理想的な避難所の設置
②行政施設の防災対応について
③災害ごみ処理について
④防災備品・防災グッズ
⑤ボランティアについて
⑥地域コミュニティーについて

にして、より良いものをつくりたいと考えております。

二つ目、行政施設の防災対応についてです。これも小泉首相が来られた時にお願いしたのですが、避難所もそうですけれども、公共施設をつくった時に、設計の段階に防災という視点があまりにもないのではないかとつくづくあの時に思ったのです。市内の葛巻地区に排水処理場がありまして、それは水がたまったら防水ポンプで刈谷田川へ緊急的に排水する施設なのですが、それも最近、新しくしたのもあります。その防水ポンプを動かす配電盤が、防水ポンプの横にあり水没したわけです。福岡がそうでしたが、特に都会は雨になると地下街に水が入ります。いいビルはスペースのために地下に配電設備が置いてある。民間のビルはそれでも構わないけれども、いざというときに支え合う基盤になるべき公共の施設に、みんな地下に電源がある。特にこういう水が危ないところ、これに気がつかなかった。これは首相に書いた四項目の一つに挙げました。公共設備をするのに、デザインというのはあるけれども、いざというときに最後まで被害を受けない、アクティブに動ける

水害を想定した
防災訓練
平成17年6月19日(日)実施

ような施設に設計すべきだというのが二つ目でありました。

災害ごみについては先ほど申し上げました。防災備品、防災グッズについても日本の企業の知恵を絞って、開発してもらったら助かるというのがいっぱいあるので、今、企業の経営者の人にお願いしております。それからボランティアについてと、それから最後、地域コミュニティーについてということで先ほど申し上げました。こういうものをもっと広域的に、広い意味で検討事項として取り組んでいるところ、これによって災害があったとしても、トータル的に被害の質と量というのはかなり減じられるので

①理想的な避難所の設置　・避難所の機能とその配備
・職員態勢の整備
・避難所との情報伝達
・ボランティアの参加

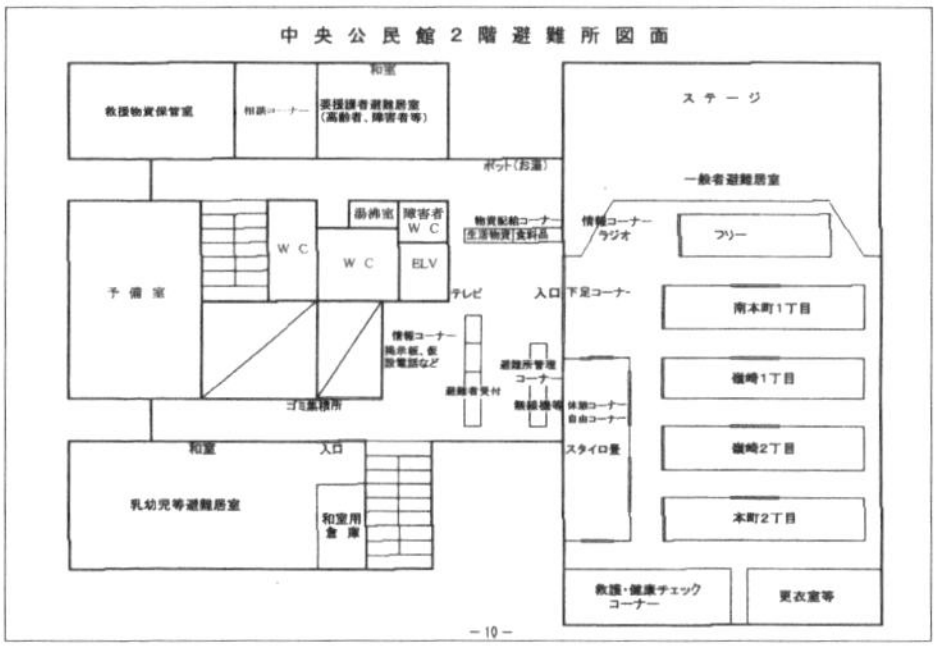

②行政施設の防災対応について
・施設の浸水対策
・配電盤の上階への移設(改善)

③災害ごみ処理について

④防災備品・防災グッズ
・防災備品、防災グッズの調達
・救助ボートの配備(水害時の塩沢町ラフティング教室の支援、Eボート)
・防災グッズの選定と充実(おんぶヒモ、折りたたみリヤカー)

⑤ボランティアについて
・行政と民間の一体化
・地域を巻き込む必要から地域でのリーダー育成が必要

⑥地域コミュニティーについて
・まちづくりに防災の視点も含める(地域コミュニティー再構築)

はないかと思っているところです。

鈴木　理想的な避難所とか、それは用意されているようですが。

久住　これは防災訓練です。これは去年の六月、今年も六月十八日にやるのですけれども、見附市の参加が約一万二千人だったのです。約四万四千というのが、赤ちゃんも入れた見附市の人口ですから、総人口の二十八パーセントが参加してくれた。これは、災害が起きた翌年だからだと思いますが、すごくありがたかった。一年に一回、こういうことを「体感」する。中心のところに集まってくれた人は限られているけれども、地域地域でいったん家から避難の場所まで避難した人を入れて一万二千人ありました。実際にこういうようにサポートで動いてもらう、理想的な避難所というのをつくって、そこにみんな集まってもらって、お医者さんも参加するという仕組みでした。

そして救助ボート、Eボートという、本来は川を学ぼうというのでつくったボートが、防災ボートとしても非常にいいということで今全国に広まっている。見附市に二艇あります。

これは中央公民館というところを一つの例にしたときに、私どもが考えている理想的な避難所という形になります。これにはほかの市の意見だとか、うちの職員の意見とかが出て、配備として考えてみたものです。

鈴木　先ほど市長がおっしゃられた自治体がやれる部分での防災、減災の取り組みですけれども、それとは別に本当の河川の改修というところでの独自のやり方というのが採用されていると伺ったのですが。

久住　まず役割というのが、県も含めて災害時の対応として、連携がなかなか難しかったというのがありました。県との連携中で、河川を管理している部署などは、非常にいい動きで、本当に助かりました。しかし、事務的な情報というのはなかなかうまくいかなかったという一つの反省がありまして、今検証して、お願いしています。

二つ目、先ほど言いましたが、防災というものはどんな堤防にしたら切れないのか、どういうふうな形で構築したら破堤を防げるというようなものについては、私どもは知恵がない。これについては、大学や国にそういう技術をお願いしたい。また、刈谷田川、見附市のところでやっている遊水地というのは、多分日本で最も新しいといいますか、最初の仕組みになります。ダムもできて、刈谷田川は見附で最も整備された川だといわれていますが、それでも災害が起きました。しかし、うまく田んぼを活用できれば、ダムと同じような効果が期待できます。急激な雨についてはいったんそこで受けて、そして収まるのを待って少しずつ川に流していく。それを遊水地というのでしょうが、これを見附市は幸い条件として可能だという田んぼが百町歩、それを利用して遊水地を造る。

鈴木　耕作はそのまま続けて、いざというときに遊水地として使うということですね。

久住　それで、農家の方々の了解をいただいて、災害のときには水が下流にあふれる前にここに水が入りますが、それ以外のときにはずっと田んぼとしてそのまま使っていただけるという条件で、国との契約の下にしてもらうという仕組みでした。五十年に一回とか六十年に一回とかいう可能性のある災害ですから、もしなければ五十年間、まったく被害に遭わなくて水田がそのままやれるということもあるだろうし、万が一のためにこれをやる。昔は、「霞堤《かすみてい》」でこういう知恵があったのだろうし、それを再構築するというので、国や県の皆さんからのアイデアもありました。今の刈谷田川をより安全にする。見附市内に用地があったので、農家の皆さんにお願いしてご協力いただき、見附市で先進事例を作ろうというふうになっています。

鈴木　長岡市内の蓮潟地区、今は繁華街になっていますが、かつては「霞堤」で仕切られた遊水地でした。先人たちが行った治水の知恵を、もう一度勉強することも必要ですね。温故知新とで

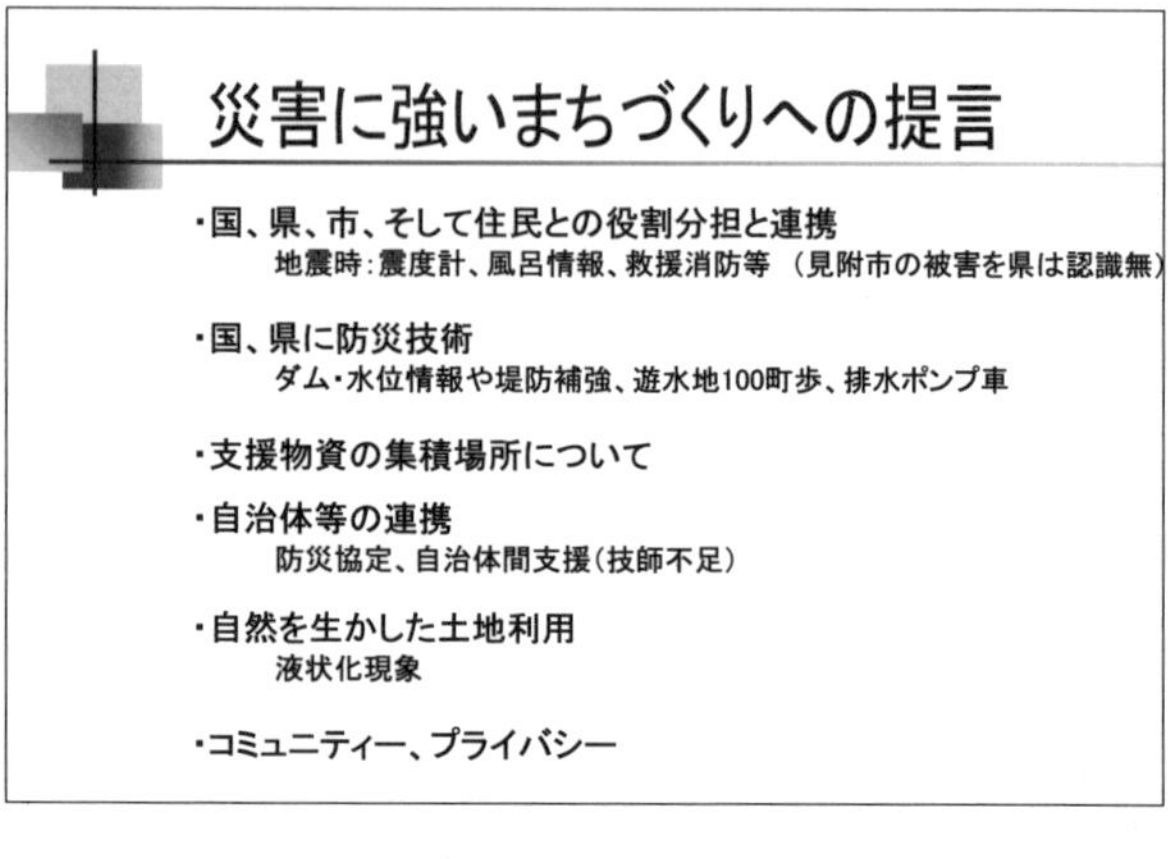

災害に強いまちづくりへの提言
・国、県、市、そして住民との役割分担と連携
地震時：震度計、風呂情報、救援消防等（見附市の被害を県は認識無）
・国、県に防災技術
ダム・水位情報や堤防補強、遊水地100町歩、排水ポンプ車
・支援物資の集積場所について
・自治体等の連携
防災協定、自治体間支援（技師不足）
・自然を生かした土地利用
液状化現象
・コミュニティー、プライバシー

もいいましょうか。

久住　これができれば国の財政をあまり使わなくても、ダムほど極端ではないけれども、ダムの小さいものをもう一つ造るというよりは、これでカバーできるだろう。成功すれば、日本全国で困っているところで、解決するための大きい方策になるのではないかと思っています。

鈴木　情報体制の整備について、ご説明願えますか。

久住　これは地震のときなのです。見附市の被害というのは水害が百八十億円と言いましたが、地震は四百億円以上で、相当な被害だったのです。見附市の地震計は県が置くのですが、なかなかうまく機能しなかったらしくて、気象庁まで行くには随分時間がかかるし、または感度が悪い。それで、初期情報では見附市は震度が出てこなかった。大阪などの人が心配されて、「見附市は水害の時は大変だったけれども、今回の中越地震はそれほどでなくてよかったね、全壊した住宅があるのに見附市はよかったね」という電話が来る。見附は一部損壊以上が約

防災・減災へ向けて

①ボランティア活動推進基金の充実（1千万円）
- ・ボランティア活動の促進
- ・自主防災組織の結成・育成
  （見附市では18年度末までに100組織に増やす）

②ボランティアリーダーの組織育成（登録25名）
- ・将来的に防災士を教育制度の中に取り入れる。
  （NPOやNGO）

③防災ファミリーサポート制度　（登録者1448人）
- ・自主防災組織の育成と併せ、サポート体制を整備
- ・優良な避難グッズ開発・採用

④震度計について
- ・精度をDランク→Aランク

九千五百世帯もあり、もう市民には大問題です。地震の時に災害対策本部で大変だったのは、二時、三時頃でした。余震が起きてもテレビに出ない。中之島が出て、三条の情報が出て、見附市がテレビに出てこない。それで二百本、三百本という苦情の電話です。市の職員は疲れた中で、二十分も三十分もすみませんと言っている。それをＮＨＫに何とかしてくださいとお願いしていた。最近ようやく地震が起きた時に、中越地方に地震がありという形で情報を出している中に、すべての町の関係の情報が入ってきて、例えば震度四は小千谷市などと出るようになった。これに一年ぐらいかかりました。テレビ速報に出ないために見附市では被害がないと思われ、当初、民間からの情報が入りづらかった。もう一つは消防の関係で、見附市には救急車が三台しかありませんでした。そして全半壊を含めて何百という余震に耐えて、いざというときには助けに行くスタンバイをしていた。そこに、見附市は被害が報道されていなかったため、見附市の救急車二台を小千谷市に派遣させる要請が県からきた。実際には見附市でも相当な被害が発生しており、要請に応えられる状況ではなかった。それだけ地震の災害情報というのはなかなか伝わらない。見附はそんなに被害がないということになってしまった。これを踏まえ、関係機関との連携をしっかりしよう、というものでした。

支援物資の集積場所についても、全国からあれだけ好意が来ます。しかし、その配達先はみんな自治体個々になっているので、「市長、見附では何が必要だ」「ブルーシートだ」と言うと、そのブルーシートが到着し、二日後ぐらいからは余分が出てしまう。見附市で今必要だけど川口町に余っていた。見附市で余ったのを川口町へ持っていったことがありますが、小千谷市役所だってあれだけのものを使えなくて、階段にみんな置いてあった。そして、水もいっぱいあるのに、夜中の二時に十トン車で来た。降ろす人たちがいないから、私も二時に起きて荷物を降ろすということを経験しました。事前に新潟県で五か所なら五か所、災害が生じた一番近い拠点を指定しておいて、全国からの支援物資をいったんそこに集める。今これだけ民間のいろいろな配達があるので、一時間で必要な分を必要な時間に届けるだけの機能はあるのです。そこから今日、見附市で必要なものは何か、そしてその必要な数、小千谷市で必要なものと必要な数、三条市でも、というふうにやったら、前線基地ではもっと違うところに精神とか時間とか、エネルギーを集中できる。全国の「道の駅」でいいところがあったら、それを防災集積拠点という形で再整備したらいいのではないか。私は全国の「まちの駅」の会長をやっていますので、そのネットワークをうまくしようと話をしているところです。こんなのが集積の話です。

自治体間では、技師が不足しているという形でお願いした。また、液状化現象については、昔の河川の上に住宅を建ててしまうなど、開発するときに昔からの地形を考えなければならないという反省がありました。そしてコミュニティー、プライバシーについては、先ほどお話ししましたように今、反省を含めて仕組みをやっているところです。ボランティアは、いざというときに助けてもらったので、見附市も駆けつけるためにお金も人もある程度用意していこうと。その後、何回かこれを使って出ていったこともあります。ボランティアについては、ボランティアリーダーを組織的につくらなければいけない、これをもっと計画的に入れようと。それから防災ファミリーサポートと震度計。震度計については一年半かかって、今は、精度のランクがAになったので、新潟県の地震情報で見附市が最初に出るのではないかと思います。震度一でも出るようになりました。こういう経過がありました。

鈴木　新潟県の場合、7・13水害まで災害ボランティアの活動というのがほとんど組織化されていなかったし、行政の支援もなかったという現状がありました。それが水害で芽生え、地震で育った。自治体で基金をこれだけ用意されているところは珍しいのではないですか。

久住　富山県の入善町と防災協定を結ばせてもらったのですが、7・13の時に入善町の皆さんが助役を含めて、スコップを持ってきてもらったのです。助けてもらった時に、入善町の港に大量の丸太が押し寄せ、漁業ができないくらいになったのですが、この見附市の支援する方が先ですと言って帰らなかったのです。そういう姿を見ていて大変ありがたかったし、意気に感じました。そこで市や議会の承認を得て、いざというときの仕組みとしてこの基金をつくっていこうと思って、この金額が適当か分かりませんが、そういう準備をさせてもらっているということです。

鈴木　災害を踏まえてこれからどうしていこうというお話を伺ったわけですが、川というのは最初に言ったように災害だけではなくて、それは恵みをもたらしてくれるものですし、潤いを与えてくれる存在でもあります。地域が川と共生していくというときに、災害対策だけではバランスを欠くので、どう親しんでいくのか、どう生かしていくのかというお話をお願いします。

久住　私は防災の川というよりも、川を遊ぼうという専門のキャリアを持っています。実は市長になる前、海外にずっと住んでいて、五年前に日本に戻ってきたという経歴なのです。戻ってきて一年ちょっと経営した会社が、こういうボートとかアウトドアをやっている会社で、その中で自然体験というのが日本で教育的に大事だと、今から十年前から活動をしていました。自然体験推進協議会（CONE《コーン》）と言いますけれども、それを日本で立ち上げるときにお手伝いしたのです。私は新聞を見てきっかけを覚えているのですが、東京の子どもたちがカブトムシをデパートに買いに行く、そのカブトムシの足を引っ張って取って、そしてセロハンテープでまたつけようとするという記事が載っていました。それは冗談ではないくらいの危機感というか、背筋が寒くなった。日本の教育の中で子どもたちに自然体験がないことによって、こういう子どもたちを私どもがつくっている、というのがあったのです。アメリカでサマースクールというのがあるのですが、今、三千ぐらいあるのでしょうか、夏休みに親から子どもたちを預かって、インタープリターという大学院レベルの専門の連中が、預かった子どもたちとキャラバン隊を組んで砂漠を行く、カヌーで、食べ物と水も自分たちで探しながら川を上っていくのです。こういうことをすることによって子どもたちがたくましくなる、こういう活動の岡島さんという方といっしょに代表をしている。私は川の担当ということで、全国の幾つかの小学校でボートを授業にしてもらったのです。これは総合学習で、私が覚えているのは宇部市に小野湖という人造湖がありまして、そこの小野小学校が小野学級というボートの学級をつくりました。小学校三年以上の子どもたちが、私がオーストラリアで開発した一人乗りのボートを学校のプールに浮かべて、乗ったり、ひっくり返ったりという訓練をした上で、十何㍍の深さの湖に一人で乗っていくのです。そういう体験をした子どもたちがみるみる精神的にもたくましくなっていると、小林さんという校長先生から毎年レポートが届きました。そういう仕事をしていたら、川は今までダムを含めて人は来るな、入るなと言われていたのが、河川環境財団が、川がもっと生活の中に入ることによって川からふるさとを見る、そういう国づくりをするため、川をもっと開放していこうという話になって、「川に学ぶ体験活動協議会（RAC《ラック》）」というのをつくったのです。このお手伝いをしたのです。それで、教育に川をどう使うかという仕事をやっていましたので、本来はそういうものを市長になってもやりたかった。私の趣味はカヌーで、車の中には二人乗りのカヌーがいつでも膨らませられる状態になっています。海辺にもシーカヤックが保管してあり、いつでも川や海で遊ぶことができる。川というのは準備とかをそんなにしなくてもライフジャケットとかセーフティーがあれば、川の自然の厳しさを含めてすぐ体験できるというものを持っています。この六月(平成十八年)から川に学ぶ体験を行っている。その活動を行うNPO法人の副理事長になれと言われているのですが、こういうものをやっていました。先ほど言ったEボートというのはエクスチェンジ、交流というボートです。一つの川を同じふるさとにする自治体が連携し合う、そのために十人乗りのボートに乗って川を上ることによって、下流の水がだめなら上流をきれいにしなければならない、上流の水が汚いというのは森がだめで、海がだめだということは川がだめで、その上流の森がだめだという、こういう連携をずっとつなげていこうと、開発した時のボートなのです。だから、今Eボートというのは、長岡市が五艇緊急に導入して、三条市にも三艇と合計十艇あります。これをもっと広げて上流から下流までの連携を深めたい。

鈴木　この前も7・13水害で信濃川がいっぱいいっぱいになりました。

久住　ここでもう一回言いますけれども、本流の決壊を防ぐため支流をあきらめる、こういう厳しさが災害の中にはあり、刈谷田川でもその可能性があった。そういうことを特に下流域の人たちに認識してもらわなければいけない。下流域、すなわち新潟市の信濃川がしっかりしなければ、上流が安心していられない、川がこういう関係にあるのだということを新潟市民の人たちにお伝えしなければいけない。これを同じボートを使って上流から新潟まで十艇並べて下ろうではないかと、各市長と話をしております。こんなことをもともとやっていたのですが、現在もやっています。

鈴木　ボートがいいというのは、いろいろな側面があると思うのだけれども、舟は自分で判断して、自分で動かして、ひっくり返ったら起こすのも自分だし、自己責任の典型みたいなものですよね。そういった意味では教育という点では非常にいいし、あとはいつも陸から陸や川を見ているわけですが、海とか川から陸を見ることで、また自分の地域が違って見えることもありますね。

久住　佐渡に友達がいて、彼はサラリーマンを辞めて佐渡でシーカヤックをやっていて、日本で第一号のインストラクターなのですが、相川でも子どもたちは海に入らない、海から自分たちの町を見る子どもたちがいないと嘆いておりました。今まで信濃川自由大学でやったように、刈谷田川を含めて物流、江戸時代の旅をする人たちは必ず川から町を見る視点を持っていた。水というのは環境のエッセンスの一番のところですから、川のにおいだとか透明度とか、川を見るとその土地の健康度が分かる。それを私ども現代人はもう一度見ようではないかというのが、多分川が持っている自然の表示なのだろうと思います。

鈴木　長岡から下るといわず、信濃川自由大学で夏に甲武信岳まで源流を訪ねる課外授業も考えているそうですから、長野から下るというのも。

久住　そういうのをある程度学校も連携しながらできないか。一昨年、仲間で日本一周をヨットを使ってやったのです。子どもたちを乗せて、東京湾からずっと左右に回って、最後は柏崎でゴールしました。同じように信濃川の上流から下流まで、途中でバトンタッチしながらやっていく。こういうのは町全体の関連ですとか、そういうものが見られていい勉強になると思います。

鈴木　その地域の歴史とか産業の成り立ちとかに必ず水がかかわっているはずですから、川を知るということは、そういった地元学的なものにもつながっていくのではないでしょうか。

久住　川から町を見る視線というのは、従来にない感覚なので、もう一つ違う魅力みたいなものが出てくるだろうと思います。

鈴木　すぐそこに大平堤という立派な池もあります。

久住　これも自然の池で、私が小さい時、だめだというのにこっそり泳いだ思い出があるのですけれども、大平森林公園というのは本当にいい公園になって、市外の人とか県外の人の評価が高いのです。そういうのがあって、Eボートを消防で用意しました。こういった災害用のグッズというのは、使わないままに廃棄するのが最も理想ですが、ボートというのは時々使わないとよくないようです。今回のボートは十人乗りで、上手になると十人の子どもたちが漕いだ方が大人が一生懸命漕ぐよりも早いこともあります。そういうことから今、教育委員会とか消防署に頼んで、大平森林公園の湖で浮きドッグを造って、そこにEボート二艇を一定の期間おいて、子どもたちがある程度指導を受けてからいつでも乗れる、そういう場所にしようと考えています。今年七、八月頃、まず七月にRACの人たちを呼んで、見附とかこの近辺で指導者になってもらうための一日講座をやって、広げていこうと思っています。

鈴木　そこで子どもたちを鍛えて、信濃川レースで勝とうと思っているわけですね。

久住　ぜひ、そうなりたいです。

鈴木　見附市は苦しい状況の中で自立の町という決断をされて、その道を歩んでいるのですけれども、今の防災の話を聞いていて、自立、自律、いろいろな字を書きますけれども、「じりつ」という言葉がつながって感じられたのです。

久住　この町の市民の意思で自律、律するという形の自律。これは独立という面ではなくて、連携を持つということです。多分日本の中の魅力ある地域というのは、今はステンドグラスのような形になるのだろうと思います。いろいろな特徴を持った輝きが、その地域みんなにばらまかれている。そういう魅力をこれから日本の人たちが求める地域になる。市町村合併はやむを得ずというのもあるでしょうが、それが一色になってしまったら魅力はない。合併の中での魅力というのは、個々の色をどれだけ色濃く残していけるかということなのだろうと思います。見附市が持っている特徴を輝かせながら、近隣の自治体と連携をうまくやっていくことによってお互いにいいところを見つけ、また競い合う。善政競争ということになるのだろうと。今まで自治体は、あまり自分でものを考えないように仕向けられていた、というのが日本の中央集権だったと思っています。本来の地方分権という意味で、これからは自治体が自分のことを責任を持って自分で発想できる、そういう自治体が生き残っていけるということなのでしょう。財政の問題ではないのだろうと思っています。見附市の市民や市の職員を含め、私どもの意識変革というのは、自分の頭でものを考えて、自分の責任でそれを実行していこうという意欲と意思があるかということで、これが自律できるかどうかということだろうと考えています。そういう考え方をしているところに、多分いろいろな人の支援や手伝い、または人材が来てくれるのだろうと思います。見附市が小さいながらも、今、向かおうとしているのは、そういうところではないか。この災害というのは非常に不幸なものでしたが、ものを考えるいいきっかけを天が与えてくれている、そんなふうに今思っています。

鈴木 地方分権とよく言いますけれども、分権というのは結局、自分たちのことは自分たちで決めよう、自分たちで考えようと、防災で言えば自分たちの身は自分たちで守ろうということですよね。

久住 今まで日本という国は、すべて国がものを考えてくれた。そして国が考えて、県がそれを分かりました、市町村にそうさせますという形で、このロスがすごく大きくなった。かつ、個々の輝きをなくす金太郎飴の発想でしか中央はできない。これで今、魅力のない国ということになってしまっている。そうではなくて、国はやるべきことをやって、地域のことでできることは地域でやりますよとなれば、真ん中のロスがなくなる。すなわち地域が自分でものを考えるということをやれば、国が考えることは少なくなる、財源も地域でできた方がより効率的になります。私は二十一世紀臨調のメンバーで、来週、第五弾を東京で発表しますけれども、まさに国に対して今提言しているのはそういう発想で、県も道州制もだけれども、中央政府をつくるということなのです。中央政府はやるべきことはしっかり考えてくれる。内政の中心は中央政府でものを考えて責任を取る、こういう国家づくりなのだろうと思います。これに基礎自治体の私どもが二層制で絡んでいるというので、国はもう一度、元気の出る国になるのではないかというのが、分権の今、考えていることだと思います。

鈴木　国に任せておいたら、レジャー用のボートを災害に使うとか、災害用のボートを教育に使うとかという発想はおそらく出てこないと思うのです。この町で災害を自ら経験し、まちづくりを考えているからそういう使い方というか、楽しみ方、楽しみながら防災、減災につなげていくという取り組みができるのだと思います。災害は非常に不幸な出来事ではあったのですけれども、今お話を聞いていて分かるとおり、それを通じて先ほどあった自主防災組織とかファミリーサポートとか、地域のつながりが災害を考える中から育ちつつある。災害を通じてどうやったら自分たちを守るのだということを考えて、地域への関心も深まっていくということが、実例を通して伝えていただいた気がします。これから自立し自律する町への力強い歩みを踏み出されているということで、ぜひ、頑張っていただきたいと思います。

久住　責任も大きくなりますが、そういう面で見ていただける町になりたいし、また、いろいろな皆さんからのご支援をいただきながら連携していただく、そういう形であればありがたいと思っています。

火焔土器が伝える縄文人のメッセージ

～信濃川に出土する火焔土器～

小　林　達　雄

kobayashi●tatsuo

新潟県立歴史博物館館長・歴史学博士。昭和12年長岡市生まれ。東京都教育庁文化課、文化庁文化財調査官を経て、昭和53年國學院大学文学部助教授、昭和60年より同教授。ほか、ウィスコンシン大学、ブリティッシュ・コロンビア大学、ケンブリッジ大学などで在外研究を行う。21世紀COEプログラム・國學院大学拠点リーダー、國學院大学図書館長を歴任。平成2年「浜田青陵賞」受賞

小林達雄×豊口協

縄文時代の地域と暮らし

豊口　私たちふるさとの誇りでもある信濃川と縄文時代の火焔土器ですが、まず最初に、時代的な流れを理解していきたいと思います。縄文時代というのは一万三千年ほど続いており、非常に長い間にわたって日本の文化を形成してきたのですが、その中でも信濃川と深いかかわり合いを持っている。日本の歴史は二千七百年とか二千六百年とかいっていますが、そんな短い期間ではなくて、かなり古い時代の話です。

小林　縄文文化の幕開けは、分かりやすくいうと一万五千年前ぐらいです。それ以前に旧石器時代文化というのがあります。

豊口　九百年前からは弥生になるわけですね。この一万五千年より昔の旧石器時代をつくった日本人は、いたのですか。

小林　三万五千年ぐらい前まで確実に遡ることができます。

豊口　この時代には、人口はどのくらいだったのですか。

小林　日本列島全体で、多分、五万人以下だと思います。

豊口　今は一億二千万人ですから、大変なものですね。そうすると、この時代の前にも旧石器人がいた、その人たちは大陸から渡ってきたと考えていいのですか。

小林　そうですね、日本列島でボウフラのようにわいたわけではなくて、二本足で、ナウマン象やマンモス象、オオツノジカだとか、そういう食料としての連中の尻を追いかけながら渡ってきたわけです。

豊口　日本海がまだ海になっていない前の話ですか。

小林　何回か陸の橋ができたりしますから、そのチャンスを見計らって動物がやってきます。それを追いかけてきたのです。

豊口　ということは、日本人のルーツというのは北から来た人もいれば、西から来た人もいる。また、南から来た人もいると解釈していいですか。

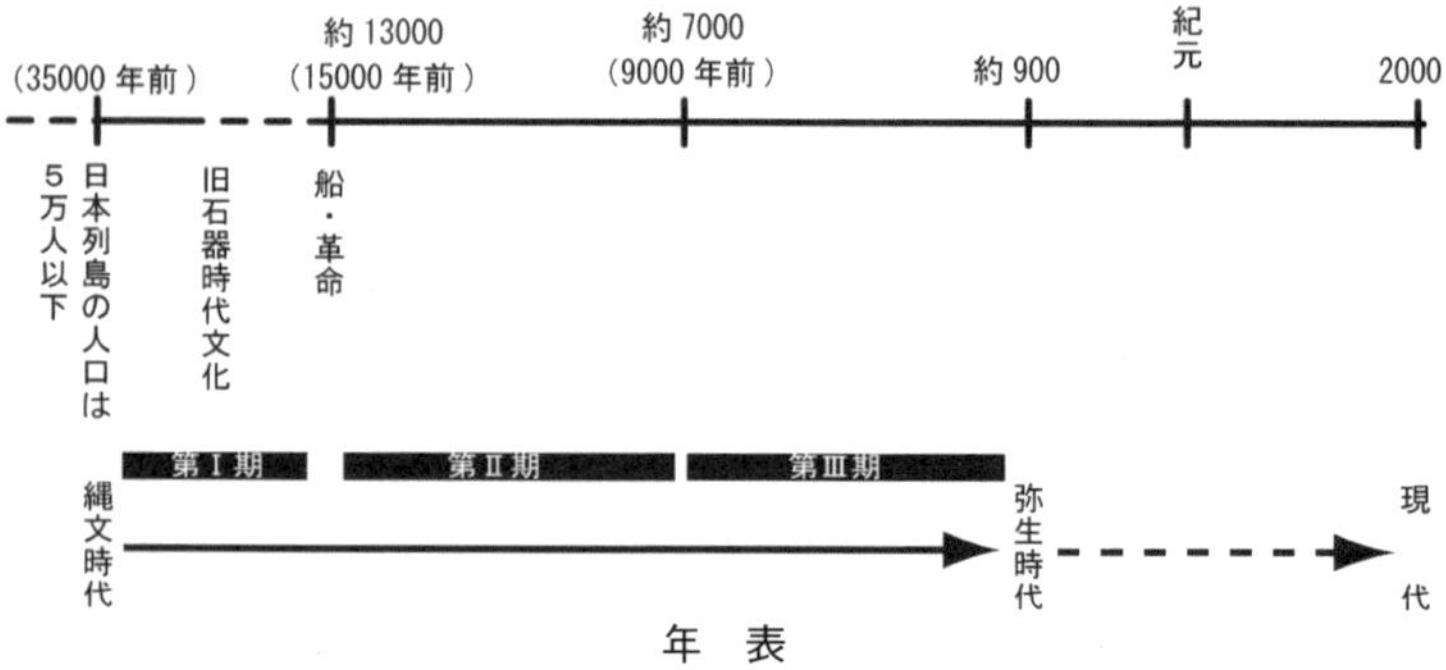

年　表

小林　そうでしょうが、詳しいことは何とも分かりません。

豊口　その辺は不明ということですが、とにかく三万五千年ぐらい前には日本人を形成する人間が日本列島に住んでいたということが分かりました。この頃は、日本海側に住んでいたのですか、太平洋側にもいたのですか。

小林　全域です。三万五千年前ぐらいには北海道から九州、それから種子島など南西諸島というところまで行き渡っています。しかも、世界各地の旧石器時代の遺跡に比べると、遺跡の数が多いのです。それだけ遺跡が多いということはつまり、ほぼ比例して人口も多かったと考えていいと思います。ですから、日本列島というのは三万五千年前ぐらいには世界の中で最も人口密度が高く、非常に活力にあふれていたという可能性があるのです。これは重要なことです。

豊口　そうしますと、日本海側でそういう人たちが生活をしながら、舟を通して文化の交流があったということも事実だと考えてよろしいでしょうか。

小林　舟を操ることができるのは一万五千年前ぐらいを前後した頃です。その前からもちろん、うまく海流に乗っていくようなこともあったようですが、活発ではなかった。だから、陸橋をつたってやって来た。あるいは冬の寒い時に氷が張って、海峡を渡ることができるような状況を見計らってやって来るわけです。

豊口　そして、弥生時代に至ります。弥生町から出た弥生土器は関東ですけれども、関東からは縄文時代の土器は出ているのですか。

小林 たくさん出ています。

豊口 わがふるさとの素晴らしい土器、火焔土器は、信濃川周辺の流域にしか出ていませんね。その時代のわれらが祖先であります古代人というのは、特に川と一緒にどういう生活をしていたのでしょう。

小林 縄文時代の始まりは一万五千年前、私はそれを縄文革命と呼んでおります。縄文革命というのは、日本列島の歴史上の大事件ということではなくて、それにとどまらず、実は人類史上の一大事件なのです。というのは、旧石器時代文化を人類の文化の第一段階とすると、縄文革命以降は第二段階と位置づけることができます。だから、一万五千年前に日本列島を舞台にして、人類の歴史上の一つの道のりとしての第一段階から第二段階に飛躍した、そういう事件が起こったということです。しかも、これは重要なことなのですが、一万五千年前に第一段階から第二段階に移ったというのは、世界的に見ても群を抜いて早いのです。どのくらい早いかといえば、縄文列島以外のところでは、今からせいぜい九千年前ぐらいです。それが一万五千年前（紀元前一万三千年）なのです。エジプトのナイル川流域とかイラン・イラクのあたりのメソポタミア地域、それからインドのインダス川流域、さらに中国の黄河・揚子江流域、このあたりは皆さんご存じのように、世界の四大文明の発祥地です。その発祥地といえども、実はその第一段階から第二段階という歴史的革命は、だいたい九千年前ぐらいから始まります。大ざっぱに一万年前といっても、実に五千年もスタートが違うわけです。当時の時間の長さからいったら、一千年はせいぜい十年ぐらいと考えてもいいかと思います。例えば今我々だったら、新幹線が一分でも遅れたらイライラするでしょう。今の一分と当時の一分というのは全然違いますから、時間も文化といえます。そういった意味では、五千年早いからといって、世界に冠たる優秀な人々が日本列島にいたのだと自慢するような話ではないのですけれども、それにしても五千年も早く日本列島が第二段階に入った、縄文文化に入ったということは重要なことです。

なぜそんなことが可能であったかということは大問題ですが、そう簡単には答えはまだ出せません。ただ、一つ状況証拠として押さえておくことができるのは、旧石器時代には遺跡が多く、それにほぼ比例して人口が多かったこと、そして縄文時代に入っても、もっともっと増えていったのです。そうしますと、世界のどこと比べても人口密度が高かった。それだけ大勢の人たちが顔を突き合わせて、そしてその時代を生きてきた。これはやっぱり大事なことで、大勢いれば大勢いるほど、いろいろな考えをする人がおり、全く破天荒な考えをする人が出てきたりします。十人か二十人でお互いに目が届く範囲の仲間同士だったら、誰かが言うのにくっついていくようなことはよくあることですが、大勢いると、目が届かないところで勝手な言動をする人が出てくるわけです。いろんな可能性がどんどん膨らんでくる。

豊口　縄文土器というと、縄目の模様がついていますね。私たちが学校で習ったのは、縄目で模様をつけたから縄文時代ということでした。では、日本中にそういうことに携わった集落がたくさんあって、それぞれの集落がオリジナルの土器を作る、そういう縄文土器としての代表的な土器はあるのですか。

小林　村々で、それぞれオリジナルなものを作ることもあったようですが地域的に大きなまとまりがありました。縄文時代はざっと一万年以上続くのですが、縄文時代全体を見渡すと、ある様式が出てきてそれがずっと続き、やがて消滅して姿を消すのです。代わって、また新しい様式が出てくる。そういうことを見ていくと、だいたい七十五ほどの縄文土器の様式があり、それが北海道の東部とか南部、東北、北部というふうに、方言のようにある地域のまとまりを示すのです。それぞれのまとまりはモザイク状に、日本列島を覆っていたのです。

豊口　すると、その時代からお互いの交流は何らかの形であったと。

小林　もちろんです。相互の交流がありました。第一段階では食べ物を求めてしょっちゅう動き回っているのです。ところが第二段階、縄文革命以降というのは、一か所に腰を据えて村を営んでいた。これが第一段階との大きな違いなのです。日本は中近東や中国よりも定住的な村を営むのが圧倒的に早かった、群を抜いて早かったのは事実です。

豊口　日本は南北に長く、現在でも雪国と南の方の生活は違いますね。縄文時代はどうだったのでしょう。

小林　実は、お互いに交流はありました。交流をするには定住的な村を営むことが非常に大事です。定住的な村というのは、そこにいて日常的な食べ物を十分に確保できるというテリトリーといいましょうか、生活舞台を確保しなければいけないということです。そのために隣の集団としょっちゅう争いを起こしていては困るので、向こうから来るのを阻止しながら、こちらからも行かないよと、そうやって定住することによって、それぞれが自分たち固有の地域を守っていきます。しかし、守ってはいても、例えば資源・食料なら、海岸の人たちは海の自然、海産物資源を容易に手に入れることはできますが、猪や鹿のようなちゃんとした肉を手に入れるのはちょっと難しい。そこで、交換、交易が起こるわけです。そうやって、それぞれ自分たちの生活舞台を確保しながら、手を結ぶことでつながっていったのが南は沖縄まで、北は北海道、北方四島にまで広がっています。北方四島は縄文列島の辺境ですね。

豊口　樺太も入りますか。

小林　樺太は入らないのです。これがまたおもしろい。北海道の一番北の宗谷岬から北を望むと、くっきりと樺太の丘が見えます。ところが、一向に渡ろうとしないのです。そのくせ、津軽海峡は樺太と宗谷岬との間の宗谷海峡よりも安全だというわけではないのに、しょっちゅう行ったり来たりして、津軽海峡を挟んでいつも同じ一つの文化圏を形成するのです。では、樺太の向こうに行かないのはなぜか。いくらかわいい女性がいても、話し掛けてものにするには言葉が必要ですから、言葉の通じない女性ならあきらめる。それと同じで、言葉が違うので、樺太へは渡ろうとしないのです。向こうからも渡ってこようとしない。そのくせ、津軽海峡はしょっちゅう行ったり来たりしています。だから、当時は既に、縄文日本語というのがあって、その縄文列島というのがずっと南までつながっていた。

ついでに申しますと、朝鮮海峡においては対馬までは行くのです。そして、縄文土器を残しているのですが、対馬はどちらかというと半島寄りに位置しているのです。ところが、半島寄りにある遠い海を漕ぎ渡っているくせに、そこから先、ほんのちょっと頑張れば向こうに到達できるし、もっともっと広い世界が広がっているのですが、そこは渡らないのです。向こうからも来ない。これはなぜかといえば、やっぱり言葉が通じないからだと私は考えています。

豊口　今、言葉の話が出まして、私はこの分野に非常に興味を持ったのですが、日本語はモンゴルの言葉と満州の言葉、それから韓国の言葉と、文法的に共通点があります。例えば韓国は日本と同じように、感謝（カムサ）や安寧（アンニョン）という言葉を持っているのです。それ以外に日本には大和言葉という、きわめて特殊な言葉があります。「ありがとう」というのは、どこの国の言葉にも当てはまらない。そういう言葉の発生というのは、やはりここに住んでいた古代の人たちの、生活の中から生まれてきたオリジナルな言葉だろうと思うのです。そういうものに対して外来語がどんどん入ってきて、それが並行して日本の言葉文化をつくったということが言えると思います。そういう言葉の流れの中で縄文時代の人たちというのは、言葉が入る以前にも、人的交流があったような気もするのですが、どうなのでしょうか。

小林　今、お話ししたように、行こうと思えば行けるわけで、実は渡っているのです。といっても、手を結んでともに世界を生きようということではないのですが、向こうからも来ている証拠はあるのです。北海道からは黒曜石が渡っています。ある言語学者のグループによると、言葉というのはどこかに言葉の中心が幾つかあって、それが枝分かれしてさまざまな現代の言葉につながっているのだという考え方があり、そのため何年前に朝鮮半島の言葉と日本の大和言葉が分かれたのか、という計算を言語年代学をもとに行ったりするのですが、これは私はあまり賛成ではないのです。というのは、言葉というのは五万年ぐらい前から人類は十分に操ることができたからです。言語中枢もきちんとした形をしています。それから、二本足で突っ立っていますから発声を十分にコントロールでき、無限の発音ができるわけです。だから、いろいろな言葉の違いについて、我々は発音の違いとして耳にすることができるし、そのようにどんな人たちも最初から言葉を持っていたのです。例えば下北の猿と丹後篠山の猿はいまだかつて交流したことがない、話し合いをしたことがないのですが、丹後篠山の猿も下北の猿も、それぞれに言葉を持っているのです。人の場合も、最初から言葉があり、そしてその後何度も何度も往来のチャンスを得た中で、同じ言葉を共有した。それを、初めは同じ言葉でそれが分かれてきたというとらえ方は、ちょっと違うのではないかと考えています。

豊口　言葉がそれほど複雑になっているということは、そういう人たちが作った土器に関しても、いろいろな要素が交流の中から生まれてきているという感じがします。歴史博物館で拝見すると、底がとんがった土器とか平たい土器とか、この一万年以上の歴史の中でも、いろいろな時代によって、違ったものが生まれています。土器というのは、そこで生活するための一つの道具としての機能があると思うのですが、その辺はいかがですか。

小林　土器は極めて重要な道具の一つです。形を見ると分かるように、土器というのは入れ物なのです。ものを出し入れすることのできるものです。だから、形はさまざまですけれども、底があって口が開いた、入れ物の機能を持った粘土製の道具です。それと、豊口先生のお話のように、あれは単に道具として、こんな新しい道具を手に入れたということだけではなくて、ものすごく重要な意味、あるいは歴史的な効果をもたらしているといえます。日本列島で作り始めた縄文土器というのは、基本的には九割九分煮炊き用です。煮炊き用に使うことによって、生では食べられないようなものに火を通すことにより、食べられるようにしたのです。だから、食料資源の開発にものすごく役立ったのです。それはつまり、それだけ食料事情が安定してくるということ。すると、生活全体が安定してきます。十分に文化的な活動を展開する基礎が、土器を使っての煮炊き料理が基本になることで保証されたと、こういうふうに見ています。

豊口　ちょっと素人的な質問で申し訳ないのですが、底のとんがっている土器は、地面に突き刺して周りから火を燃やせばいいので、一番安定しているのではないでしょうか。底がフラットになった土器というのは、下に置く釜といいますか、ベースがしっかりしていないとひっくり返ってしまう。そういう点から考えると、一番最初はとんがっているものから生まれたのですか。

小林　だいたいそうですが、そう一概には言えないのです。というのは、造形的にはとがった底の中心点からずっと同心円状に展開する、つまり上に壁を立ち上げていく形が造形的には一番簡単で安定した形になります。ところが、平らな底を作って壁を立ち上げて、口もそれに合わせてやるというのは歪みが生じやすいのです。それと、豊口先生がご指摘されたように、彼らの生活環境の中での平面には、フラットなものはないのです。凸凹しています。凸凹している方が、先が小さいものの方が安定するのです。逆にきっちりした平底だと、地面が凸凹していたら傾いて不安定になってしまいます。底がとがっていれば、ちょっとした窪みでも安定するということで、底がとがっているのは造形学的な意味と、もう一つは、当時の生活環境の中では、入れ物としては十分に安定していた。

豊口　その時代の土器というのはほとんどが手ひねりで、おそらくロクロはなかったのではないかと思うのですが、その辺はいかがでしょうか。

小林　おっしゃるとおりです。ロクロが出てくるのは古墳時代です。弥生土器もロクロではないのです。あんなに薄くてロクロで造ったかのように見えるのですが、実は全部手ひねりです。粘土紐をとぐろを巻くように積む「紐づくり」の土器があることはあるのですが、本来、一番普通のやり方だったのは、一段ずつ帯状に積み重ねる「輪積み」なのです。紐づくりだと、どこで止めていいのか分からない。だから、一段一段をきちっと接着させながら上に積み上げていく。

豊口　それぞれ時代によって、土器の作り方がかなり変わってきているのですね。日本列島には豊かな食べ物があったと思われますが、海の食料、山の食料という、この辺の違いに対して土器はどういうふうに機能していったのかは、学問的には分かるのでしょうか。

小林　豊口先生のような方に考古学をやっていただくと、あるいは解明が先に進んだのかもしれませんね。現在では、そこまで具体的には分かっていないのですが、貝塚地帯の土器には、ある時期に底が小さくて、非常に特殊な形の深鉢が現れます。口が平らなのです。これは大量に出てきます。丁寧に作った土器に対して粗削りな土器を粗製土器と呼びますが、そういう粗製深鉢がいっぱい出てきます。これは多分、貝類を入れて煮沸することで貝の口を開けさせて、それでむき身を作り大量に処理して、それを干したり薫製にしたりしたということです。それに対して陸や山の方は、貝の処理はしていない。ですから、そういう土器のタイプは、内陸の方にはないのです。普通の煮炊き、おそらく越後の方ではごった煮、ああいうのが普通だと思うのです。しかし、これも注目すべきことなのですが、縄文時代というのは土器の量がすごいのです。これだけ土器の量が多いということは、食事というと煮炊き料理がメーンディッシュだったということを物語っています。山菜の類、肉の類、そういうものをごった煮したのではないか、と。栄養学的なことを彼らは意識していなくても、いろいろなものを食べることによってバランスをうまくとる、というようなことでしょう。

豊口　縄文時代の土器を拝見しますと、蓋に類するようなものがなかなか見えないのですが、それはなぜでしょう。

小林　よくご覧になっていますね。確かに、蓋はほとんどないです。ただし、新潟県の信濃川流域にある三十稲場式土器、これは馬高遺跡のすぐ隣の三十稲場遺跡から出た土器を標式に名づけられているのです。ここの土器は蓋を一生懸命作るのです。これは縄文土器全体の歴史を見ましても、珍しい土器です。ほかに北陸地方の縄文時代がそろそろ終わるという晩期にも、蓋がありますす。だから、蓋がないわけではないのですが、土器の蓋は極めて少ない。しかし、その中で越後・新潟県のものは、全国の土器の中でもユニークなものを使っています。ですから、今でもありますが、植物の茎や蔓で編んだ蓋とか、ああいうものがあったのではないかと思いますね。けれども、日本列島は特に酸性が強くて、酸性土壌の下では有機質のものは酸化してしまい、残らないのです。土製の蓋は珍しいけれども、ないことはない。だからきっと、土製の蓋でない時には、代わるべき植物製蓋があったのではないか——そう推定することができます。

豊口　縄文時代の土器の作り方、それから土器を生活の中でどう活用していたかということが、だいぶ固まってまいりました。

信濃川・越後の地域には、我々が誇りにしております火焔土器があります。私たち素人から見ますと、何でこの越後の信濃川の流域周辺にしか火焔土器が出てきていないのか、と不思議に思われます。縄文時代には日本中に人々が住んでいて、それぞれ独自の文化をつくってきたわけです。そしてこの、我々が火焔土器と呼んでいる土器は、越後の我々のふるさとにしかないわけです。なぜこういうものがこの地域から生まれたのか、一番知りたいところなのですが。

小林　これはとても興味深い問題ですね。確かに火焔土器というのは新潟県の県境、線引き通りの県境ではなくて、ちょっと出入りがありますが、ほぼ新潟県の今の地域から出土しています。新潟県の地域というのは遡ると、古代の越後・佐渡が下敷きになっています。古代の越後・佐渡というのはどこから出てきたかというと、実は火焔土器の頃なのです。だから、新潟県というのは何であああいう形をしているのかというと、これは火焔土器の分布圏なのです。

しかも、なぜここに出てきたかということについては我々にも難しいのですが、想像を交えながらお話ししてみます。縄文時代は一万年以上続くわけですが、長いものですから、草創期、早期、前期、中期、後期、晩期と六つの時期に分けられています。縄文文化が幕開けしてから徐々に人口が増えそして増えては減り、増えては減りを繰り返しながら、右肩上がりの増加をしています。こうやって草創期、早期、前期と進んできて、中期に入って火焔土器が誕生します。火焔土器というのは中期の最初から出てくるのではなくて、初頭には別の土器様式なのです。この土器様式は新保新崎式《しんぽにんざき》と言いまして、越後から越中あたりまでずっと一つの土器様式圏です。つまり、同じ仲間として土器様式を共有していたのですが、その次の段階になると越後は独自の非常にユニークな動きを展開する。結論から言えば、火焔土器を発明するわけです。その時に、越中とたもとを分かちます。向こうは向こうで、火焔土器にやや似ているのですけれども、違う様式を作ります。越後で火焔土器が出てくるのに、おもしろいことに火焔土器の前身というのがありません。一番古い段階からあるのですが、その古い段階の前に気配があるかというと、ほとんどないのです。おもしろいことに、まったく突然のように火焔土器が生まれてくるのです。実は縄文土器は七十五様式あると申しましたけれども、ほとんど大部分の土器様式というのは、登場するときには何か前のものを引きずっているのです。しかし、火焔土器はほとんど引きずっておりません。突然出てくるのです。これはおかしいことなのですが、越中富山の人々と手を結んで同じ土器様式を作っていた連中は、一方では鼠ケ関の方から東北の方につながる大木《だいき》式土器様式というのを知っているのです。一部に大木式土器様式の浅鉢土器を取り入れている。これは、火焔土器の前の新保新崎式では浅鉢土器が少し苦手だったからです。そこで、ちょうどいいのが東北にあるものですから、それをそのまま拝借しているのです。つまり行き来もしているし、向こうには大木式土器様式というのがあるのだということを十分に承知している。

それから、群馬のあたりに関東の印旛沼から利根川流域、そして群馬県あたりまで広がった阿玉台《おたまだい》式土器というのがあります。そういう別の様式も知っていて、湯沢方面に入ってきています。それからまた信濃川流域をずっと遡って信州との県境の向こうには勝坂《かっさか》式土器様式というのがあり、これがまた優秀な土器で、そういうのを知っているのです。一方、さらにたもとを分かった北陸の方では、また力強い個性的なものがある。つまりどういう状況におかれていたかというと、一緒に越中富山と二人三脚でやってきたが、独立する時までに越中富山と一緒にやっていた同じ土器様式をまた踏襲するのではなく、まったく新しい土器を発明した。周りにさまざまな土器様式があるということを承知して、どっちにも偏らずどっちの真似もしないで、それらの情報をいっぱい持っていて、まったく新しい土器を生み出した。それが火焔土器です。

豊口　そういう独創的なものづくりの時代があったということは、今から考えますと、想像を絶するものがあるのです。しかも、さっき小林館長がおっしゃったように、日本中に縄文時代の土器は大変な数が出ている。しかし、この火焔土器に限っては、かなり限られた所にしか出ていない。

小林　そんなことはないです。無尽蔵にというわけではないですけれども、新潟県、越後の範囲内ではみんな火焔土器を作っていたのです。それで、西一番の端っこは糸魚川、そしてその先の親不知を越えると富山県側に、一個、二個、三個と数えるほどしか出ていません。しかし、こっち側はがっちりと火焔土器がまとまっています。村上から山形県に入ると、縄文時代からの線引きなのです。それは方言だとかは今始まったことではなくて、縄文時代以来の歴史の中で方言が固まってくるのです。だから固まるというのは、その辺からもう境目があったわけです。村上まではあります。佐渡もそうです。そして一方では阿賀野川を遡ると、最初に火焔土器を作る時には会津地方も仲間だったのです。それなりの個性があり、ちょっと違うのですけれども、それでも全体としては火焔土器の雰囲気を持っています。ところが、次にこっちが伸びようとする時には、また東北の大木式を作り出すのです。越後の本体は引きずられないで、堂々たる火焔土器を作り上げた。

火焔土器からのメッセージ

豊口　先ほど土器というのは生活のための煮炊きの道具だとご説明がありました。この火焔土器は素人目で見ますと、どうも煮炊きには合わないような気がするのですが。

小林　これが縄文土器の真骨頂です。我々が見て、こんなので煮炊きしてと、現代人の感覚からいうとそう思うのが普通なのです。だいたい煮炊きというのは食材を入れて煮炊きをするわけですから、あんな大仰な口の部分が四つ飛び出ていて、これは入れるのにもうっかりしたら手を引っかけるかもしれないし、ちょうど食べ頃だといって取り出すのに突起があったら、邪魔でしょうがないのです。ところが、煮炊きに使っています。その証拠は、例えば土器の上の方と底に近い方の火を受けたところでは色が違っています。それから、中に食べ物の残りかすが炭

火焔型土器

化してこびりついています。これで年代測定をやったりするのですが、火焔土器というのは普通に鍋釜用に使っていた。そして、我々の感覚からいうと、こんなものをわざわざ鍋釜用に作るのはおかしいじゃないかというくらいに、気を入れて作っています。だから、現代のプラスチック製品のようなものとは対極にある。そして、これだけの造作をしたものでも煮炊きに使っているという、これが縄文の豊かさといいましょうか。今この部屋は長方形の空間ですが、この空間ではおもしろくないのです。ガウディのようなものは縄文心でおもしろいのです。我々がおもしろくない空間に慣らされたというのは、いけないことだと思います。ヨーロッパの教会を見るとすごいです。あれは、あれほどすごくしなくてはいけないという理屈は一つもないのですが、そうしないではいられないような造形的な、デザイン的な環境の中で自分たちが生きてきた。モノもそうです。火焔土器も同じで突起があったら飲みづらいのですけれども、飲みづらいからといってやめたら、これはどこの家庭でもあるし、飲食店にもあるし、これではおもしろくない。縄文土器をちょっとデザインして、四つは多いかもしれないけれども、縄文土器の突起を一つぐらいつけてもいいと、岡本太郎だったら言うかもしれない。

豊口　気を入れて、こういう新しい時代をその当時の人は作ったというお話ですね。これはやはり若いというか、子どもたちにはとても作れない。かなり腕力もいりますし、精神的な強さも必要だと思います。私は火焔土器を初めて見た時に、それまでは本で見て、その時まではああ、そうかと理解していたのですが、長岡へ来まして実際のものを見た時に、ものすごいショックを受けたのです。これはすごい。印刷物で見ていた自分が恥ずかしくなりました。何かが私に対して呼びかけてくるという情念のようなものを感じまして、あらためてすごいなと思ったのです。おそらくこれを作った人というのは成人になって、新しい自分が人間としてスタートする時に、神に対して「自分はこういう人生をこれから歩むのだ」と神に誓って作ったような気もするのです。そういう意味では、祈りの心がこの中に込められているし、ここから作った人のメッセージが私たちに今でも伝わってくる。美学というのは、作った人のメッセージが器の中に入っている。お茶の茶碗を作った人の美学が、あの茶碗の中に込められている。それを使った人の美学がその中に込められて、今でも利休のお茶碗はこうだということが伝わってくる。それにも勝るとも劣らないほどのメッセージを受けたのです。

小林　縄文土器というのは非常に装飾的である、豪華絢爛であるという表現でしばしば評価をすることがあります。それに対して弥生土器は装飾性が低い。実用的な機能一点張りだと対照的に見ているのですけれども、縄文土器というのは装飾ではないのです。飾りではなくて、土器の存在そのものが「装飾」と器としての「機能」とに分離できないのです。例えばこの会場の壁、壁紙を張ったり、あるいは色を塗り替えると、いくらでも模様替えできます。壁というのはいくらでも加工できるのですけれども、実はそれができるのは弥生土器なのです。形態と文様、装飾が分離できるのです。ところがこの火焰土器は、器の形から装飾的な要素を剥がすことができるかというと、剥がせないのです。剥がしたら全部壊れてしまうのです。これが縄文土器の秘密なのです。そこに力の持つエネルギーというのがあるのです。それを豊口先生は美学とおっしゃいましたけれども、そういう表現も当たるかもしれないし、あるいはまた別の言葉を借りれば、例えば彼らの世界観を表現しています。だから、器を作ればいいというのではなくて、世界観をあそこに託しているのです。装飾ではなくて、実は世界観そのものなのです。あの形、そして口縁部のところにある突起、あの形も全部、「これでなくてはいけない」という世界観の表れなのです。そして、それをもうちょっと平たく言うと、実は火焰土器にはいろいろな要素があるのですけれども、全部その要素が、勝手気ままに取り入れられているのではなくて、このモチーフはこの場所にと決まっているのです。つまりこれはいうなれば、物語のようなものです。彼らは彼らの世界観から生み出された物語を、土器に表現しているのです。だから、村上の方から糸魚川の方まで、そして津南町、阿賀町、高田の方まで、そこに生きた縄文人は全部同じものを作るわけです。これを、この土器の様式が流行しているから造形的に真似しようとしたら、もっとバリエーションが生まれていいのです。ところが、非常に規格性が高くて遊びを許さない。もちろん一つ一つ手づくりですから、見た目に映る感じは個性がありますが、それは個性であって、例えば「昔々……」と言うときの語り口がおばあさんごとに調子が違うように、そしてそれに味があるような差なのです。実は、火焔土器もそうなのですけれども、多少の個性を持ちながらもすべてが同じ物語を表しています。非常に大事な、そしてこの規格性を揺るがさないということは、そういう彼らの世界観の中から生み出された物語が安定した、そして誰もが理解していた物語であったに違いない。だから、装飾に物語性の装飾と装飾的装飾とがあるということになれば、縄文土器というのは物語性のものであるということになるのです。

豊口　私はこの土器を拝見して時間を感じました。普通、こういうものを見ますと、形にこだわって作っていると解釈しますけれども、火焔土器を見た時、古代人が過ごした時間的な経過を感じたのです。昔よく、時間、空間、建築、要するに空間と時間というのは一体となって宇宙であり、それが新しい建築の基本的な考えであるといわれました。この土器を見た時に、これがおかれたその時代の人たちの生活空間、そういう小宇宙とその人たちが生活した実際の生活空間、その中に時間的な軸が一本通っていると、そういう哲学的な印象を私は受けたのです。その時代の人たちがそこまで考えてこの土器を作ったということは、日本全体においても、土器を作った越後の人たちの生き様というのはすごかったのではないでしょうか。

小林　縄文土器は、各地にそれぞれ方言があるのと同じくらい、各地に特有の様式があるわけです。その中でも火焔土器は代表的なものです。おっしゃるとおり造形的に揺るぎのない形、こんなものをよくもひねり出してくれた。それも前触れがないのです。火焔土器が私たちに送ってくれたメッセージは、すごく大事なものだと思いますね。

豊口　作っていた人たちの環境といいますか、自然環境もそうだと思いますが、なぜ主に信濃川の流域にしか存在しなかったか、この辺が私としては非常に大きな疑問です。どうしてもそれが知りたいのですが、何かヒントはありますか。

小林　ヒントとしては、ほぼ雪国に重なっているということ。山脈で遮られていますが、特に他地域と違うのは雪国という点です。だから、雪国に生まれて育つと、例えば冬には雪が降らない地方とは違った行動が必要とされます。今だったら雪かきも必要だし、屋根の雪下ろしが必要なように、これは雪国でない人はまったく経験しないことです。そういった経験を共有するという一つのまとまり、これが非常に重要ではないかと思います。

それともう一つは、ある程度中核的な地域があって、どんなものでもそうなのですが、どんぐりの背くらべ同士の寄り合い状態は不安定なのです。やはりピラミッド型の構造というのは、それなりの安定さを示します。だから、この越後にはいくつかの中核地帯があり、その一つが信濃川というのは間違いないです。信濃川集団のようなものが力を持って、そして周辺に影響を及ぼした。その周辺に及ぼす範囲が、越後の雪国の範囲です。ほぼ重なるというのは、偶然ではないと思います。

豊口　こういうものを最初に作るのだと、声を掛けた人がいるんでしょうね。

小林　多分いるのだろうけれども、私たちが対象としている縄文時代、その後もそうですが、個人を特定することはできないのです。だんだん歴史が新しくなると、歴史上に登場してくる主役には個人が出てきます。今なら小泉（前）首相がしょっちゅうパフォーマンスをやっていますけれども、それの前は集団だったということになって、そしてその前は、さらに地域の越後集団、ようやくその中の信濃川集団とか、そのくらいにしか絞りきれないのです。これはやむを得ないことです。

ところで、人間の創造性というのはどこから出てくるのか、集団が口を開いたら同じことを言い始めたのか、誰かが言ったのを小耳にはさんだからなのか、それは分かりませんけれども、そのあたりはあまり詰めると袋小路に入ってしまいます。例えば長岡で消雪の装置、水を撒いて雪を消すというもの、あれは誰が発明したか分からないのです。俺だ、俺だという人がいるわけでもなく、誰も名乗りを上げないのです。だけど、突き詰めていくと、あんたのところが早かったのではないの、そうかもしれないという程度です。ところが、我々は特定しようとするのです。頑張れば分かるのではないか、と。しかし、あんなにすごい発明なのに、誰も名乗りを上げない。だから、あれと個人の名前は結びついていない。不思議なことです。

豊口　いよいよ核心に入って、信濃川と縄文土器との関係はどうですか。

小林　縄文人というのは狩猟もして、それから山野の植物性の食料も大いに利用しています。また海岸なら貝や魚だとかの魚介類を主に利用しています。内陸だと、特に信濃川あたりでは鮭が非常に重要なものだったと思います。この間、魚沼市の奥の黒姫洞窟から大きな鮭の背骨が出て、それを復元すると、八十センチぐらいになりました。調査がまだ続いていますが、そこから出てきたのが鮭なのです。そこまで上っているのです。今は環境が悪化して、特に発電所用のダムが造られて、鮭にとってはとても具合の悪い信濃川になりましたが、それでもまだ上っています。性懲りもなく頑張っているのです。その鮭は、例えば江戸時代だったら、北越雪譜にあるように魚野川から信濃川から、ものすごい数の鮭が来るわけです。そのすごい鮭は上ってくる期間が非常に短いのです。短いけれども、濡れ手に粟のように鮭が。頑張れば頑張るほど、いくらでも捕れるわけです。短期間のうちにいくらでも捕れるということが非常に大事で、その日の食事に間に合えばいいというのではなくて、その後、一年分のものが捕れるのです。だから、捕れる時には徹底的に捕り、それを乾燥したり薫製にしたりして保存します。そうすると、冬は雪に閉ざされて山野に食べ物がなくなっても、秋に捕った信濃川をはじめとする川に上ってきた鮭を食べて、悠々と冬をしのぐことができる。そしてこの一番資源のない冬の雪の時、新鮮なもののない時こそ、一番食料事情が安定している。その時に、彼ら自身の文化の見直しや体系化などが行われたのではないかと思います。だから、信濃川そのものが、一つの火焔土器的なここ独自の形を生んだ。ほかのところもみんな特質を持っていますが、この土器は素人でも、造形にそれほど関心を持たない人でも、ちょっと心が揺り動かされるような、それだけのものを作り上げたという謎がそこにあると思います。

豊口　精巧さと大きさもそうなのですけれども、これだけのものを作り上げるというのは、相当精神力が強くないとできない。それから目的に対して土器を作ることは手段なのですから、何か大きな目的があったのではないかと思うのです。これを先人たちが作っていた時代というのは、信濃川というのは大変な暴れ川であった。おそらく東山、西山の両側を含めた数キロにもわたるような大きな川であった。それが雨期の場合にはどんどん土砂を崩して流れてくる。昔の話に「大和のおろち」がありますが、鉄砲水で流れてくるわけです。そういう暴れ川が日本にたくさんあったのです。特に信濃川は大変な暴れ川だったのではないかという気がするのです。今でも日本海の冬の景色を見ていますと、雨期のこういう状態のときの信濃

火焔土器

川は、相当荒れた時代があったのではないかと思います。そういう点から考えても、この火焔土器の模様を見ていますと、信濃川の荒れ狂った水の流れのような印象も受けないわけではない。その時代の人たちは暴れ川に対して、神に対してとにかく鎮めてもらいたい、静かになってほしいという祈りもあったのかな、という気もします。

小林　自由にイメージを膨らませていただき、それぞれの世界をおつくりいただいた方がいいと思います。今の豊口先生のお話で、滔々と流れる信濃川、本当に夕立の後は、あの力強さにほれぼれとします。もちろん暴れています。そして、それは航空写真にかつての川の道が田んぼの中から浮き上がって出てきます。本当に豊口先生のおっしゃるとおり暴れていました。だんだん人がコントロールして、ここだけしか流れてはいけないと土手に閉じ込めた。この間、刈谷田川が決壊しましたけれども、ああいうこともあったし、信濃川ももちろん、危ない時もあった。そんなのは当たり前のことで、今は必死になって人工的に止めていますが、縄文時代の人々がそういう川の流れを見詰めて生きていたことは確かなのです。それと造形とどう結びつけたのかは、人が大勢いれば、豊口先生のような考えを持つ人もいたかもしれません。だから、おもしろい発想で、俺はそうじゃないという人も出てきてもよろしいと思います。

時を超え、縄文文化を継承する

豊口　私はこの火焔土器を見て、考古学に非常に興味を持ちました。この時代背景をベースにして古代人が作ってきたものづくりの世界、さまざまな文化的な遺産をどう解明していくかというのは大変なことだったろうと思ったのです。今は科学的に時代を測ることができるわけですが、そういうものがなかった時代というのは、一つの憶測の中で時間系を遡りながら議論を構築していく。ですから、想像の世界で一つの体系を作り上げていくという、暗中模索のような学問の世界だろうと思うのです。しかし、そこにすばらしいロマンがあります。そのロマンを持った人たち、ロマンを追求しようと夢見る人たちが、こういう考古学というものをつくっていったという気がするのです。そういう点で、今の人たちに夢を与えてくれた先人たちの造形物はすごいなと思いますし、特に越後の国にこういうものが生まれたということは、やはりこれからの将来、越後というのはかなり大きな可能性を持っているということも示唆してくれているのではないかと思うのです。そういうわけで、現在でも火焔土器というのは存在して、我々に一つの方向性を与えてくれている。小林館長が中心になってやっておられます「信濃川火焔街道連携協議会」では、縄文時代を象徴する火焔土器を中心にした新しい文化的な組織をつくって、それを後世に伝えていこうという運動をされています。先人が残してくれた宝物を

小林　どうこれから我々の後輩に伝えていくか――これは私たちに課せられた大きな課題ですね。新潟日報で「情報文化」というのを出しており、寄稿したエッセーにちょっと触れましたけれども、縄文土器の造形といいましょうか、この存在を私たちも、もうちょっと手元にたぐり寄せて、そして一緒になってもう一度自分たちの生活環境の中に呼び戻して、共に歩いていくということが必要なのではないか、と。地域おこしだとか地域づくりという掛け声で、また新しいものを発信しようということも大事なのですが、これだけの内容と揺ぎないどっしりとした価値を持った縄文土器を利用しない手はないのではないか、と思うのです。

例えばカナダのバンクーバー空港は、皆さんご存じのトーテムポールを立てた人々の根拠地なのです。空港に降り立つと、もうそこにはトーテムポールを立てた人々の伝統的なモチーフ、彫刻物が、三次元の造形として目に飛び込んでくるわけです。町の中にもそれらがあるのです。こういうことは、なるほどバンクーバーでなくては見られないのです。ところが、新潟県というのはおとなしくて、最近では苦し紛れに、〝食〟に取り組んでいるのです。私も長岡に来ると、田舎料理を出してくれるところへ行って味を楽しみます。それも大事なのですが、新潟県に入って越後湯沢駅に止まっても、浦佐に止まっても、長岡に止まっても、燕三条に止まっても、新潟駅に止まっても、個性のない空間です。ここが長岡かなと思って長岡だから降りる用意をしながらもまさか浦佐じゃあるまいと、あらためて長岡の駅名を目で確認してから降りるのです。「ながおか」というひらがなを探して。そんな自分に私はがっかりします。長岡には長岡の堂々とした火焔土器的なモチーフで駅を飾る。だいたいJR東日本は、そういうところへの配慮がないです。みんなで地域を愛さないといけないのに、駅中をどんどん闇市のようにして店を広げていく。これでは大手通りがさびれるに決まっています。地元が全然反対しないのもおかしいなと思って見ているのですけれども、ご存じかどうか知りませんが、東京で今問題になっているように、駅中は税金が安いのです。大手通りよりも立地が良くて、みんなあそこで抱え込んでいて税金が安いのです。大手通りは地価も店賃も高いし、税金も高いのです。そのあたりをもうちょっと頑張って、大手通りと喧嘩しないで、火焔土器伝統を踏まえた知的な〝遊び〟を、プラットホームから駅中に表現してもらうと、ああ、長岡に入ってきたな、と実感できる。湯沢駅では温泉でかわいい女性が湯浴びしていますから、湯沢だなと昔から僕は見ていましたけれども、ほかの駅には何もないではないですか。これは火焔土器をお手本にして、新潟県は新潟県だぞという身構えをしてもらわないといけない。二〇一四年問題ですか、北陸新幹線が開通したら、こっちはさびれるだろうとヒイヒイ言っていますけれども、そんな目先のことではなくて、どっしりと落ち着いて火焔土器を表に出してまちづくりをする。今、火焔土器の力を借りなくてはいけないということで、信濃川火焔土器街道の連携協議会というのが長岡、十日町、みんな合併してしまいましたけれども中里、今は一人頑張って生きている津南や、三島町など、それぞれの自治体が結束して、火焔土器にもう一度目を向けようということで運動が展開されているのです。これは長岡市長に話をして音頭を取っていただいたらみんなが賛成してくれて、これを信濃川火焔街道ということだけではなくて、魚野川も阿賀野川も入れて、ゆくゆくはずっと広げて、新潟空港に行ったら火焔土器がどかーんとある、というようにしたい。だいたいどこの新幹線の駅もおかしいけれども、外に出るとスチール製の変なスズランみたいなのがあって、時間になると音が鳴ったりして、ああいうのは考え直した方がいいと思うのです。そしてそろそろもう一度火焔土器を見直そうという時になったら、ただ言葉だけで見直すのではなく、デザイン空間として発信していったら、よいのではないかと思います。

豊口　私もこの火焔土器を見て感動したのです。今から十六年ぐらい前になると思うのですけれども、信濃川の土手に立って沈んでいく夕日を見たときに、こんな美しい夕日が日本にもあったのだと、涙が流れてしまったのです。それほど美しい。こういう美しい自然の中だからこそ、こういう火焔土器が生まれたのだなというふうに結びつけたのです。そういう先人が作ってくれた土器と、それから先人たちが生活した自然環境、その中心に信濃川が流れていて日本海に注ぐ、そういうトータルな意味でのこの地域というものを、もういっぺんみんなで見直す必要があるのではないかという気がします。東京にいて新潟県というと、やっぱりお米と酒、あとは雪ですか、そんなことしか出てこない。これは当たり前なのです。それはあっていいわけですけれども、それ以外に実は火焔土器が見えていなかった。火焔土器がこの長岡を中心とする地域に生まれ育ったのだということは、情報としてはおそらく教科書にも書いていなかったし、物の本にも書いていないと思います。まったく情報が伝わっていない。岡本太郎さんから学生時代にいろいろ教えていただいたので分かったのですが、岡本太郎さんがパリの大学で勉強している頃、岡本さんが落ち込んでどうしようもなくなった時に教授が見せてくれたのが火焔土器だった。これは一体何ですかと聞いたら、「おまえは知らないのか。これはおまえの国の先人が作った土器」だと言われて、腰が抜けるほど驚いたそうです。帰ってきて、火焔土器が日本にあるのだと言ったのだけれども、誰も見向きもしてくれなかった。そういう時代があったのです。それほど火焔土器というのは、ほんの少し前までは人々に注目されるものではなかったのです。これはやはり私たちの責任だろうと思いますし、今住んでいる私たち新潟県人としては大変なことをしてしまった、またしていたのだという気がします。こういうものをもう一度見直して、ここにしかない文化の象徴を、一つの誇りとして打ち出していく必要がある。単に観光ということだけを考えたのではだめなのです。今、新潟県でも観光についていろいろやっています。食文化、食の祭典というのをやっていますけれども、食というのは日本中、また世界中のどこにでもあるわけですから、どこにでもあるものを新潟県だけの文化、象徴、食の祭典といってみてもあまり魅力がない。これはここにしかないのだ、というものを打ち出すべきだと思うのです。そしてそれは観光という意味ではなくて、自分たちの誇りとして出すべきです。

この縄文時代の象徴といわれる火焔土器を私たちはどう次の時代に残していくか、やはりこれは大きな課題だろうという気がします。

今、信濃川の流域では、長岡を中心に火焔土器が出ているのですが、一番最初にこれが見つかったのはどこですか。

小林　新潟県立歴史博物館の、すぐそばにある馬高遺跡です。それは昭和十一年に劇的なドラマが始まるのです。大晦日の夕方になって、これが発見されました。これが第一号なのです。火焔土器という名前はその頃からあったのではなく、いろいろあだ名で呼んでいるうちに、戦後になってから火焔土器という名前が定着しました。縄文土器はたくさんありますが、あだ名を持っている縄文土器は、これが第一号です。火焔土器というのは、あだ名なのです。ですから、先ほどから豊口先生がおっしゃっているように、水とも関係があるのではないか、あるいは渦巻きと関係があるのではないかというイメージは何人かの方から私も伺ったことがありますし、大変おもしろいと思います。火焔というあだ名は、口の部分が立ち上がっている突起からきまして、炎を思わせるような、その程度の軽い気持ちです。いったん名前がつくと、あれが炎の形を写したのではないかと誤解する人がいるのですが、単なる最初の印象、この土器の形が持つ印象から火焔土器というあだ名が始まったのであって、決して火の炎をイメージして彼らが作ったものという意味ではないのです。

少し造形的なことをお話ししましょう。火焔土器の突起（鶏頭冠）の裏は、ローマ字のS字なのです。横S字の向かって右側は曲げずにキュッとしっぽを立てるのです。実は縄文時代というのは、土器に世界観を表現したと言いましたが、Sモチーフがものすごく大事な記号なのです。何か世界観の中核に関係しているのです。ですから突起にこのS字をつけたのです。そして、これがまたおもしろいのですが、ここにある窓、どの火焔土器もそうですが、ハート形をしているのです。このこともちゃんと決まっているのです。とにかくこの突起にはSが隠れており、非常にデフォルメされているのです。岡本太郎はこれを見て、心臓がひっくり返る思いをしたと言って感動するのです。岡本太郎はぐっと目を見開いて言えばいいのですけれども（笑）、我々はそれではだめなので、もっと詳しく謎解きをするわけです。

そして、火焔土器というのは一体何が元になっているのか、と。土器の一部に袋状の突起があったりします。そういうのがみんな組み合わさって、桃太郎の話で言えば、おじいさんとおばあさんがいて、桃があって、それが全部織り込まれている。そして一つの物語を作るのです。ところで火焔土器様式――こういうものを生み出した一つの雰囲気と言いましょうか、火焔土器様式というものを作るぞという流儀があって、その中の一つのタイプが火焔型土器であり、もう一つの典型が王冠型土器なのです。この二つがあって火焔土器様式が成り立つのです。王冠型土器というのは、これもまた全部規格が決まっていまして、口縁に短冊形の突起をつけて、必ず短冊形の左に切り込みがありま す。こういうことは岡本太郎は知らないでもいいのですけれども、必ずあるのです。概して火焔型に大形品があるので、火焔型土器が兄なら、王

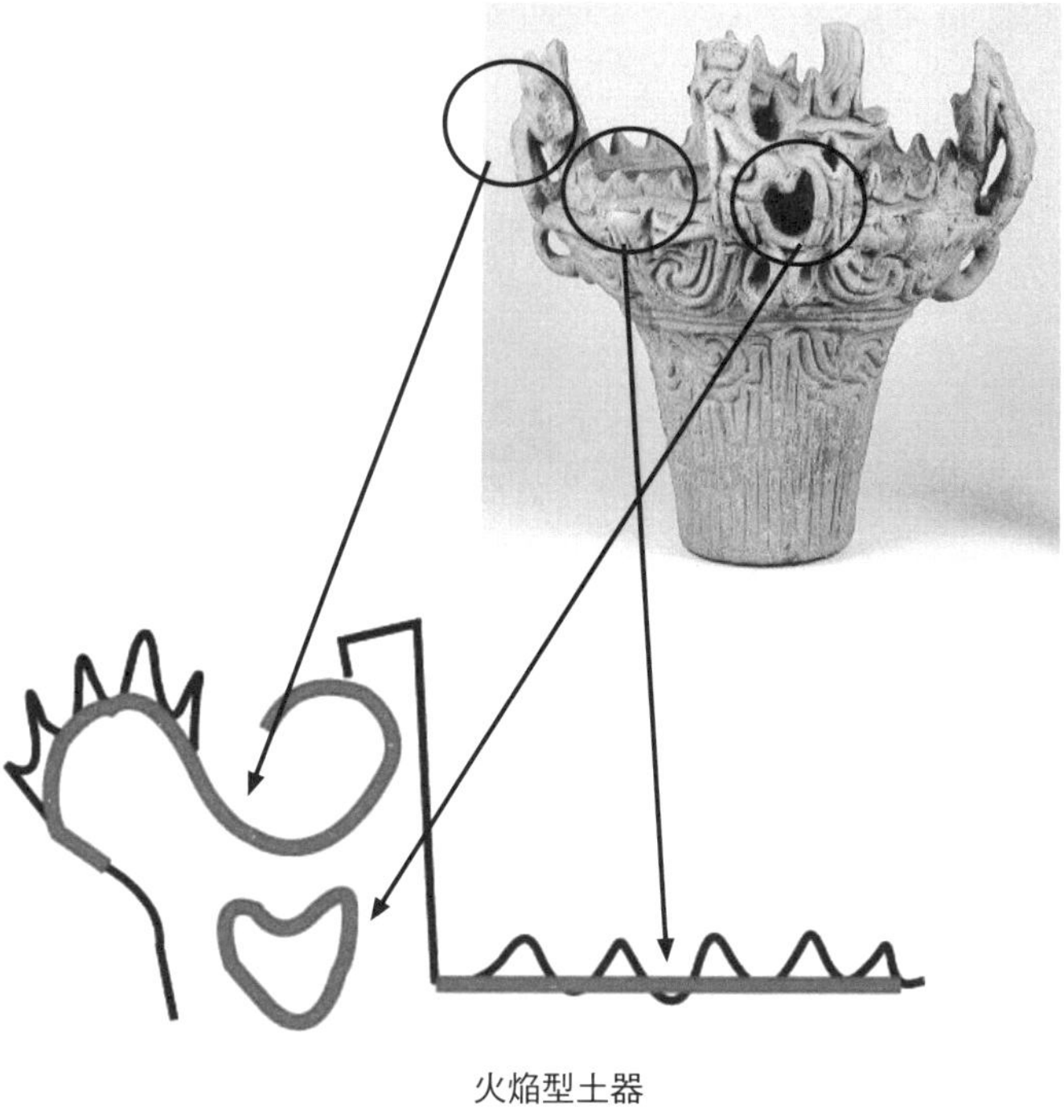

火焔型土器

冠型は弟のように見える。また王冠型にはとさかのような鶏頭冠突起はありませんし、王冠型の口縁には鋸歯状のフリルはつかない。そして、火焔型の口縁は水平で、王冠型は波状に大きくえぐれている。この約束はきちんと守られています。こっちの王冠型の口縁はぐっと谷になって、一方の火焔型の口縁は水平、そしてここには袋状……と、そういう約束事があって、これがまたおもしろいのですけれども、両方とも煮炊き用に使う同じような土器なのに、なぜ片方だけでよしとしないのか、なぜ相異なる二つを作らなければいけないのかというのが、これも縄文土器のもう一つの謎なのですが、これが火焔土器様式によく表れています。

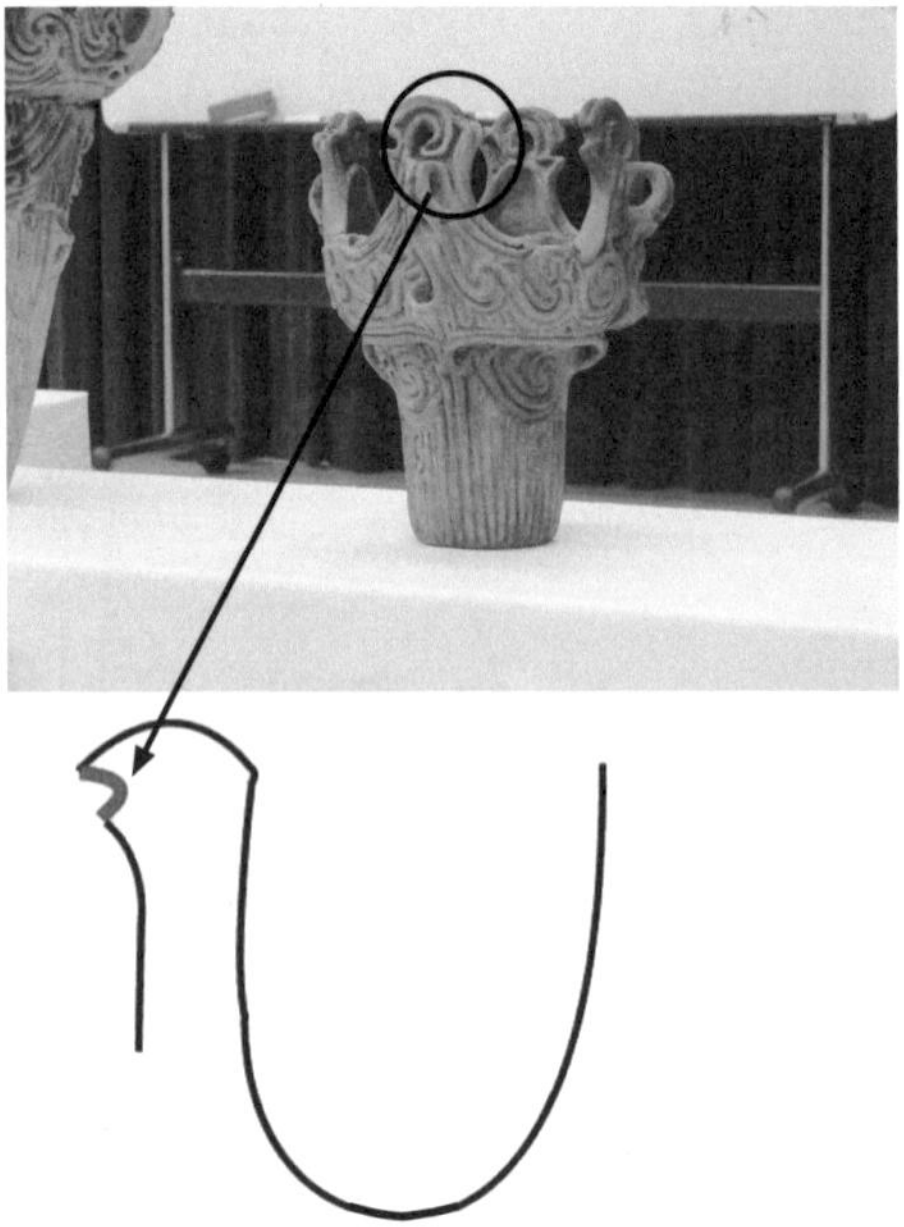

王冠型土器

縄文人というのはおもしろいのです。相対立するものを彼らは頭にいつもイメージするのです。それは火焔土器だけではないのです。夜と昼とか、男と女とか、そういうものも全部一つではなく二つが込められて重なっているのです。世界の自然民族には彼らそれぞれに分類体系というのがあるのですが、二つに分けて考えることが彼らの基本的な分類の仕方です。その分類は、ただ単に二つの種類を持つのではなくて、対立して相いれないものをいつもデザインの上にも表すということです。これは注目すべきことで、二つがあるからお互いに廃れないのです。向こうがやめたと言ったらこっちもやめるのですが、向こうが作っている限りはこっちも作り続ける、こっちが作っていると向こうも作る。二つの火焔土器をどう使い分けていたのかは全く知ることはできませんが、この「二つを持っている」というケースは、土器のほかにもたくさんあります。例えば一つの村の広場を囲んで住居が南の方に展開する、北側に展開する、そういうふうに向き合う。それから、墓穴を掘るときに、長軸が東西と南北の二つの軸に分かれる。そういうことをずっと数え上げていったらもっともっとたくさんあり、私は論文に書いたこともあります。そういう二つの対立するものを持っているというのは我々の現代にも通じていて、例えば早池峰山の麓には国指定の神楽がありますが、この神楽には二つあり、一つの方はしぐさが緩やかで、一つは勇壮・活発なのです。この二つがあるから今でも残っているのです。一つしかないところは後継者がいないとか何だとかで、全部だめになってきます。

このように、「対立したものがある」ということを彼らは自分たちの世界の中にきちんと持っていて、いろいろなところにその思想を表現した。先ほどの世界観を表現しているということの一つは、そこにもあるのです。だから、火焔土器というものは訴える力があるのです。世界観がある。おとなしい弥生土器と違うのです。弥生土器をじっと見詰めている人がいたら「ちょっとおかしいな」と思いますが、縄文土器をずっと見詰めている人がいたら、「あいつはなかなかできるかもしれない」となる。それくらいレベルが違うのです。

豊口　確かに縄文の時代、火焔土器を作っていた時代というのは、日本中がどろどろした世界で、神を恐れる時代でもあったような気がします。弥生になりますと、平和な時代が訪れたという感じを土器から受けます。陰と陽の世界をこの時代の人たちはよく知っていたのではないか、陰陽の世界、これは日本の宗教にも存在していますけれども、人々の生活の中にもやっぱり陰と陽の生活がはっきり刻み込まれているということがあると思うのです。その一番象徴的なのが、この火焔土器にあるのかなと私は感じておりました。

小林　それと、火焔型土器を見ると非常に均整がとれていて、隙がないです。ところが、突起を見ると、左右対称ではないのです。王冠型も短冊形の左側に切り込みが入って、左右対称ではありません。左右対称というのは非常に安定していて静かです。ところが、左右対称でないというのは何か動こうとしている、動を感じるのです。動を左右対称ではないというところに表現したというのも、これもなかなかにくい技ではないかと思います。

豊口　造形物に動きがあるというのは、現代社会の芸術の世界にも共通していえることで、動きを感じない絵にしても彫刻にしてもだめなのです。やっぱり将来に対して何かのメッセージを送っているということは、非常に必要になってきます。それがここで、今の小林館長のご説明ではっきりしましたけれども、そういうことをちゃんとわきまえて作っていたというのは大変なことだろうと思うのです。

日本人の感性として、私は人間と神の世界を分けて考える癖があります。例えばこれはおそらく日本人だけだと思うのですが、太陽を直接見ないという、光の元を直接見ないという民族なのです。ですから、日本人はあんどん、提灯というもので必ず光源をカバードして、ソフトな光にする。太陽の光は障子で遮る。自分たちの生活圏の光は、すべて間接照明として活用しているのです。しかし、例えば神のお祭りのときにはたいまつを焚いて、光源を見えるようにする。それから、仏壇にはろうそくをともして光源を見る。神、仏の世界と人間の世界とは光というものをベースにして、まったく分けた空間として意識をしている。この光空間の区別というのは、日本人の、一つのものづくりの感性でもあるのではないでしょうか。これらは外国にはありませんから、戦後日本の場合、蛍光灯をつけて直接光を見ていますけれども、これらは日本人の育まれてきた感性とは、全く逆のものだろうという気がします。間接照明で自分たちの生活にやすらぎを与えるというのは、これは一種の遊び心だと思うのです。その素晴らしい遊び心がこの時代に、既に作られ始めていたのだなという気がしております。

今日は小林館長にいろいろな角度から縄文時代、そして火焔土器、そして信濃川と火焔型土器を作った人たちの生活の内容等についてお話を伺ってまいりました。もし会場からご質問等がありましたらお受けしたいと思います。どなたかいらっしゃいますか。

会場　縄文時代に、日本列島には五万人ぐらいの人間がいたのではないかという推測をされましたが、今、話題に出ました馬高遺跡の集落には、どのくらいの住民がいたのでしょうか。

小林　せいぜい五万人と言ったのは縄文時代の前のことですので、始まる頃もその程度かもしれませんが、草創期、早期、前期、中期、後期、晩期と増えては減り、平均すると右肩上がりで増えてきたと見通しを立てています。一番盛りでは三十万を超えただろうと、もしかしたら五十万ぐらいに近づいたかもしれない。これは縄文人と同じように本格的な農耕を持たないアメリカの先住民、例えばトーテムポールを立てた人々もそうなのですが、あれでも相当に人口密度の高い方です。そういうところと比べて、これは相当あてずっぽうなのです。いろいろ仮定を重ねての推測なので、堅い数字ではないのですけれども、縄文時代で多い時で三十万から、しかし五十万人を超えないだろうと。その三十万人を超えるという数はどういう数かと申しますと、今度市町村合併が進みまして、市町村の数がガタッと減りましたが、その前は日本全国の市町村の数はだいたい三千三百あったのです。そうすると、例えば越路町で百人、小国町で百人、長岡市で百人、三十万人とはそんな程度で、一番多かった時でもそういうものでしょう。津南町も百人、十日町も百人という程度が全国にちらばっていた。しかし、その中でどうも東日本の方がやや比重が高い感じで、西は少し密度が低いかもしれない、そういう見方でおります。確固たる根拠は残念ながらまだないのですが、いろいろなものを参考にしながら、大ざっぱな見積もりをするとそんなものです。

一つの村ではどうかと言いますと、例えば火焔土器の第一号を出した馬高遺跡というのは、馬高だけではないのですが、縄文時代の安定した村であり、十軒そこそこです。ひと家庭におじいさん、おばあさんがいて、若夫婦と子どもが二〜三人いると仮定すると、五十人ちょっと。そしてさきほどの長岡市の百人、小国町の百人、与板の百人、そのあたりで適当な女と男がくっついて、村相互の関係ができていたのではないかという程度です。ただし、そういう中でも馬高遺跡というのは、非常に安定した村でした。どういうことから安定しているかといえば、土器の様式が時の流れとともに変わってくるからです。その変わっている段階が例えば五段階以上あそこにずっと住み続けている。一つ九十年ぐらいとしたら四百五十年です。ほかに四百五十年続いている村はこのあたりにはありません。ただし、ずっと途切れることなく継続的に住み続けていたかどうかは保証の限りではない。ただ、土器を見ていくと続いているのです。その間、いったんいなくなったり、それからまた戻ってきたりしたのかもしれませんが、少なくとも四百五十年はあそこにずっとこだわっていた。それが終わると三十稲場遺跡という、谷を一つ隔てたところに動くのです。これは三つか四つぐらいの段階型式です。四百年近くそこにいます。そして、あそこから眺めて、お日様はどこから昇るか、どこに沈むか、それをみんな観察しているわけです。そして自分たちの風景をつくるのです。風景というのはつくるものなのです。その風景の中に生きておらが村さ、おらがクニさという思いを育てていった。

会場　今のお話の中で、ちょうど私が中越地震の一か月ほど前に新潟大学に伺いまして、河岸段丘はこうだというようなことを教えていただきました。その後、一か月ちょっとで大地震があったわけですけれども、例えば人間が住んでいた土地が地震や大雪など自然災害に遭った場合には食べ物がなくなっていきますが、村の消滅というようなことも繰り返してきたのでしょうか。

小林　具体的な細かいことは分かりませんが、自然は休みなく動いていて、地震もあったし、火山も爆発しています。遺跡の中には地震で断層ができて、そういうものが竪穴住居をずっと動かしているような例もありますので、地震もあったことが分かります。砂を噴き上げる「噴砂」もありますので、いつの時代にそこに地震があったかも分かります。土手が決壊したり棚田が壊れたりというような、地滑りはもちろん縄文時代でもしょっちゅうあったでしょう。しかし、災害の被害というのはその時代、時代の尺度があってのことですので、そういうことからいうと、縄文人はそんなものは屁《へ》とも思わないでしょう。融通《ゆうずう》無碍《むげ》に、今の我々よりは対応できたと考えていいと思います。

豊口　おもしろいご質問、ありがとうございました。ほかに。

会場　ロマンというお話をされましたが、ロマンというのは、私は理論的、論理的思考概念ではないと思うのです。つまり不可思議といいますか不思議、分からないというところにロマンがあるのではないでしょうか。例えば私は既婚者で、女房が一人おりますが、いまもって分かりません。それは、私は男性であり、妻は女性であるからどうしても分からない。今朝も出かけに口げんかをしてまいりました。子どもはもう成人して離れていますので、あまり子どもの教育上の影響を考えないで二人でやっておりますけれども、つまり、対立概念――そういうことを認識したのは近代に入ってからである、と。カントの二律背反にしても弁証法にしても、必ず正反、そして正反合、つまりいつまでも対立する概念で終わるのではなくて、そこに非常に深いものを感じ取ったのだろうと思います。いつまでも対立していくのではなく、すべての人類の文明といいますか、洋の東西を問わず、必ず正反合によって文明というものが進歩してきたのだろうと私は認識しています。ですから、さっきロマンとおっしゃった方は、分からない部分があるから、何としても努力して分かりましょうということではないでしょうか。ですから、ここには縄文人の研究者はおられると思いますけれども、あるいは縄文人の一万五千年にわたる気持ちが分かりつつあると思うのです。ですから、私は感想だけしか申し上げられませんけれども、例えばデザインの問題、私たちは二十一世紀に何を残すことができるかといいますと、やはり過去に遡って、そこから何かを学び取ることが必要ではないでしょうか。

それから、最後に世界観の問題が出ました。全部対立概念、動と静、あるいは陰と陽、しかし、それを今の生き方で見ますと、グローバリゼーションで一極化しようとする流れがあります。私はこれは非常に危険だと思います。何か一つ、一色に染めてしまおうという大きなウエーブが動いている。最近の政治の世界、あるいは経済の世界、あるいは宗教の世界にもそういう動きが顕著になってまいりましたが、これは人類滅亡へのシグナルであると私は確信しております。

それと、もう一つ最後に申し上げますが、この縄文人の世界観とか宇宙観というのは、神への恐れといいますか、縄文人は自分が人間であることも分からなかったと思います。つまり人間であり、神であった。しかし、自分以外の神秘的なものに対する、現象に対する恐れといいますか、不安というものはあったと思います。けれども、私はそれに信仰しながら、人間の対立概念として神、あるいは仏でもいいのですけれども、そういう宇宙的な広壮な考えの下で一万五千年を生きてきたと思います。今よりも、もっと厳しかったと思います。決してロマンなんかありません。弥生、縄文ときますけれども、あるいは古墳時代と分類しておりますけれども、今よりももっと大変だったと思うのです。それを一万五千年も長きにわたって地球上に、あるいは日本列島に住み続けてきたということには大変驚きを感じると同時に、人間の生命力の偉大さに敬服するわけであります。

もう一つ最後に、数というものの神秘性、ゼロと一、二、三をつなげていきますと円になる、どちらも無限なのです。ですから、火焔土器の「S」を少し変えれば、無限となるのではないでしょうか、8という数字、そんなことがちょっと頭に浮かびましたので、お礼かたがた感想を述べさせていただきました。ありがとうございました。

豊口　すばらしいご感想をいただきまして、ありがとうございました。もうひとかた、どなたかいらっしゃいますか。

会場　土器についていえば、日本の縄文時代というのは、質・量とも特筆的なものであるというのは小林先生から聞いたところなのですが、火焔土器というのはさらに特徴的なものである、と。従って、ここにあったのだろうと、私は素人ですけれどもそう思っているのですけれども、国外というか、韓国とか中国とか、あるいはヨーロッパでも、日本の縄文土器に値するような時代は見ることができるのですか、できないのですか。

小林　もちろん縄文時代にはほかの地球上のいろいろなところで、いろいろな地域に適応した生活を送っておりますが、縄文は縄文で非常に個性的です。例えば土器一つをとっても、世界中の土器は縄文土器と違って、コップのように口が平らなのです。弥生土器もそうです。口が飛び出たり波打ったりするのは縄文だけです。そのように非常に個性を持っていて、意外とこれは大事な特徴なのです。そういった意味で、縄文土器の時代は、並行する時代はいろいろなところにあって、それぞれに個性があるけれども、その中でもさらなる個性を見いだしていくことで、より本体に迫れるのではないかと思います。

会場　つまり世界的に見ても、かなり特徴のある時代だと。

豊口　私からちょっとお話し申し上げますけれども、例えばインカ文明というのがありますが、あそこの土器にしても、ヨーロッパ地中海文明の土器にしても、周りにこれだけの装飾性のある土器というのはないのです。館長がおっしゃるようにフラットです。私の短い人生の中でヨーロッパ、インカ、南米その他を見てまいりましたけれども、まずないです。ですから、とにかく独特のものだと思うのです。私はこれを見て感じたのですけれども、先ほどお話がありましたように、神の世界に対する祈りだと思うのです。人間として神に何かを伝えたいという気持ちがこの土器を生んだのだろうと、祈りの世界から生まれたものだろうと思います。なぜそういうことを申し上げるかというと、私は祈りで長岡の町ができたし、新潟県もできた、越後の国はすべて祈りだったと思うのです。農作物にしても神に対する感謝で、祈りで育まれてきた。それから、豊かな水の世界に対する祈りもあったし、そして暴れ川が静まってほしいという神に対する祈りでもあったし、過酷な生活の中で自分たちの生活を安定させてほしいという神に対する願いでもあったかもしれない。長岡の花火も単なるお祭りの花火ではなくて、亡くなった方に対する祈りとして花火が行われている。世界でも類がない花火だと思います。今日のお話も、これはやっぱり祈りだと思います。そういう祈りの世界というのは、どういうことかといいますと、すべてのものに感謝しながら、そして新しい明日という時代を自分たちの力で生み出したいと願うのが、私は祈りだと思うのです。そういうものを今日は皆さん方のご意見の中からも私は受けましたし、小林館長のお話の中では、古代人が何を考えていたかということが実によく分かりました。我々はこれから、こういうことを一つのキーワードとして心の中に刻みつけながら、次の時代をつくっていく使命があるのではないかと思います。

母なる信濃川
鳥のはなし

～信濃川に集まる鳥たち～

前長岡市立科学博物館長。昭和18年三条市（旧栄町）生まれ。昭和51年から長岡市立科学博物館の動物研究室学芸員として勤務。鳥類の生態を中心にさまざまな調査・研究を行う。平成8年から長岡市立科学博物館館長、平成15年3月に退職。現在は新潟県野鳥愛護会副会長を務め、県内のカワウの生息分布調査などを行う

渡辺　央

watanabe ● hisashi

渡辺央×鈴木聖二

信濃川の鳥たち——鳥たちが暮らす場所

鈴木　ちょうど二年前の今ごろ、7・13水害がありました。私は思うのですが、川には鳥だけではなくて植物や魚などいろいろなものがあり、そこで文化も育まれている。そういう自然の姿をストレートにきちんと見ていくことは、長い目で見れば防災の視点にもつながってくるのではないか、と。どんなふうに川の生態が保たれているのかを知ることは、川を守っていくこと、川から生活を守るということと決して無縁ではないという気持ちで、今日はここに座っています。川の多様な自然の中で、鳥という、ある意味では川を利用しながら自由に飛び回っている生き物のお話を、渡辺先生にしていただきたいと思います。それを知ることによって、川に対するイメージもいろいろと広がるのではないでしょうか。もう四十年以上にわたって野鳥と付き合ってこられて、信濃川を中心に鳥の生態に精通されている渡辺先生をお迎えしてお話を伺えることを、私自身も楽しみにしています。

まず、今日のお話の主役である信濃川の鳥たちをご紹介いただけますでしょうか。

渡辺　私、現在は三条市になりましたが旧栄町の生まれで、そこから三十年間、長岡の科学博物館に勤務しておりました。従って、勤務先のある長岡を中心にした信濃川の中流域の鳥を見てまいりました。今日は信濃川に集まる鳥たちのほんの一部ですが、信濃川を語るときに外せない鳥を紹介していきます。

また、昨日（開催日・平成十八年七月二十日）から信濃川が大変増水していて、長岡の方も午前中に行ってきましたら、河川敷に水が上がっていました。もうそろそろ繁殖も終わったかなと思いますが、例えばコアジサシですとか、チドリの仲間は河原で繁殖しています。そうすると、この増水によって、もし、まだ飛び立たないヒナがいたり、卵だったりしたときには全滅するわけです。そういうことを繰り返し繰り返しやってきているのが、河川に生息、繁殖する鳥なのです。

では最初に、ホオアカという鳥を紹介します。信濃川

ホオアカ（草原性の鳥）

の鳥というと皆さんは、すぐに水鳥を思い出されると思います。サギですとかカモですとか、そういう水鳥を思い出されるかもしれませんが、信濃川の鳥あるいは何々河川の鳥というときには、大体堤防より川側で観察される鳥ということになります。従って流れのある水の中に餌を捕りに来ている鳥もいますし、川岸、いわゆる河川敷といわれるところに入ってくる鳥もいるわけです。それらを全部合わせて、信濃川の鳥とか五十嵐川の鳥とかという話になります。最初に紹介するホオアカは、河川敷の方にいる鳥です。ほっぺたが赤いからホオアカといって、非常にきれいな鳥です。かつては妙高高原ですとか尾瀬ケ原ですとか、高原にすむ鳥といわれていました。それが信濃川に生息しているというのが分かって、我々のような鳥の調査をしている者は、みんな驚いたものです。ホオアカは堤防だとか河川敷の草地を利用する、草原性の鳥です。

　今度は河原にいるチドリの仲間で、河原の方にいる鳥です。コチドリとイカルチドリ、同じチドリですけれども、コチドリの方がちょっと下流域の方、イカルチドリ

コチドリ（河原の鳥）

イカルチドリ（河原の鳥）

の方は中流域にいる、よく似たチドリの仲間です。

次はセキレイの仲間です。皆さんもよくご存じかと思います。川に行くと必ずいるし、川ばかりではなくて、みなさんの家の周りにもよく来ていると思います。ハクセキレイ、セグロセキレイ、キセキレイの三種類です。これはまた後で話をするときに出てまいりますので、川にはこういう代表的な三種類のセキレイがいることを覚えていてください。川の鳥というとセキレイはなかなか興味ある鳥ですから。

次は、さっきのホオアカ

セグロセキレイ（河川をすみ分けるセキレイ＝中流）

ハクセキレイ（河川をすみ分けるセキレイ＝下流）

キセキレイ（河川をすみ分けるセキレイ＝上流）

アオジ（草原性の鳥）

と同じ仲間のアオジという鳥です。ここ三条周辺にはちょっといないかもしれません。信濃川の中でも長岡市の河川敷に多く生息しています。

そして、今、川に行くと必ず聞こえてくる鳥のさえずりがあります。オオヨシキリです。〝ギョギョシギョギョギョシチャチャチャチャチャチャ〟と盛んに鳴いていますが、そろそろ鳴き声がなくなってきました。というのは、繁殖のための縄張り宣言がほぼ終わってきた、ということです。五月から六月が最もよくさえずる時期です。

次はオオヨシキリの仲間ですが、コヨシキリといいます。これはオオヨシキリよりも分布している場所が少な

オオヨシキリ（草原性の鳥）ー長岡大橋下流　高綱勉氏所蔵

コヨシキリ（草原性の鳥）

いです。長岡から大河津分水にかけての中・下流域にいます。オオヨシキリよりももっとリズミカルで、本当に素晴らしい鳴き声です。また後で話をしますが、激減しております。

続いて皆さんご存じのヒバリです。草地にいる鳥の代表的なものです。キジも同じく、河川敷の草地にいる代表的な鳥です。

冬になると渡ってくるオジロワシは、毎年新潟県内に十三羽平均入ってきます。冬の飛来地としては北海道が有名です。流氷の上に止まっている姿がよくテレビに映りますが、スケトウダラの漁のときに網からこぼれるスケトウダラを狙って、いっぱい流氷の上に止まっています。日本でも最大級のワシです。北海道の一部で繁殖していますが、ほとんどは北海道以北、カムチャツカですとか、それより北で繁殖して、冬になると流氷とともに南下し、オホーツク海沿岸などで越

ヒバリ（草原性の鳥）

キジ（草原性の鳥）

冬します。その中の一部かどうかは分かりませんが、何羽かが本州まで入ってきます。新潟県に飛来するオジロワシの半数以上は信濃川の大河津分水から十日町市上流の宮中ダムまでの間で見られます。魚野川にも入ってきます。これも、冬の信濃川を特徴づける大型の冬鳥です。オジロワシが錦鯉を捕まえて食べようとしている写真があるように、魚やカモを食べますが、どちらかというと魚を主食にしているワシです。

オジロワシが入ってくる新潟県内の主な場所の地図があります。脇の方にずっと地名が書いてあり、十四か所ぐらいがオジロワシが比較的よく見られる場所になっ

オジロワシの越冬地分布図

オジロワシ（長生橋上流） 高綱勉氏所蔵

ています。見ていただくと分かりますように、点々と信濃川沿いにいることが分かります。あとは福島潟ですとか、あるいは佐渡の国中平野に入っていますが、何といっても信濃川が重要な越冬地になっています。三条の方はご存じでしょうが、五十嵐川にも入ってくるようになった。これは最近のことだと思います。

このようにオジロワシやハクチョウなどの大型の鳥を数多く迎え入れられるのも、信濃川の特徴です。ハクチョウは、五十嵐川にも入ってきます。

次にムクドリという鳥は、

コハクチョウ（長生橋上流）

コハクチョウ（長生橋上流）

コハクチョウ
（長生橋上流・後ろは東山）　高綱勉氏所蔵

ムクドリ（大手大橋下流）　高綱勉氏所蔵

ちょうど今時分から大群になって来ますが、何万という大群が信濃川の河川敷の柳の木の中のネグラに入ります。この写真はその夕方の情景ですね。こういう情景が毎日、毎日、繰り返されるわけです。これだけの数の鳥を信濃川は迎え入れる。なぜそれが可能なのでしょうか？例えば同じ長岡市の駅前にムクドリが一万羽も集まって大騒ぎしたことがあり、追い出し作戦に私もかかわりましたが、長岡駅前の三十本や四十本の木では、これだけの鳥を抱えきれないわけです。ところが、同じような数で信濃川に行けば、誰もあそこにムクドリがいるというのが分からないぐらい、静かに迎え入れてくれるのです。それだけ懐の深い自然を、信濃川が持っているということです。

カモも冬になりますと、下流域から中流域まで合わせると、一万、二万からの数で集まってきます。特に大河津分水は昔から有名なカモの飛来地です。

ほかにゴイサギやアオサギ、コサギなどのサギ類も信濃川を代表する水鳥です。

鈴木　今、さっと主役クラスをご紹介いただいたのですが、

コサギ

それだけでも二十種類ぐらいの鳥が登場しました。信濃川でこれまで観察された、もしくは日常的に観察できる鳥の数は、全体でどのくらいの種類がいるものなのですか。

渡辺　国の方で五年に一度、水辺の国勢調査を行っています。信濃川の鳥を調べているのですが、百六十五種類出てくるのです。多い方です。全国の河川の数値を全部見ておりませんが、阿賀野川以上に多い。黒部川などに比べてみても、非常に多い数です。あるいは二十年ぐらい前に長岡野鳥の会が二十周年を迎えた時に整理したものだと、十日町から河口までの間に二百九種類ぐらいが出ています。長岡の地域だけで調べますと、一年間で約六十から八十種ぐらい。そして、大河津分水では与板町の小林さんという方が調べておりますが、一年間に九十五種類出ているのです。一年間に九十五種類の鳥が出てくる場所というのは、そうないです。それだけ大河津分水周辺は鳥の多いところということです。

鳥たちの楽園・信濃川――なぜ野鳥が集まるのか

鈴木　信濃川が長さで日本一ということは誰でも知っているわけですが、その日本一にふさわしく、鳥の種類でも圧倒的に日本一の豊富さを誇っているわけですね。四月に新潟大学の本間義治先生が魚の話をしてくださったのですが、信濃川というと大河のイメージがあるのですけれども、魚の種類を全部数えても百三十種類ぐらいしかないそうです。だから、水の中だけで生きている魚と比べても、信濃川で生き、観察できる鳥の数はそれほど多い。今の先生のお話の中でも草原性とか水辺とか、いろいろな特徴のお話がありましたが、五十嵐川も含めて信濃川というのは、鳥が暮らす場所としてどういう特徴を持った川なのかを、少しご説明いただけますか。

渡辺　はい、信濃川の鳥、あるいは五十嵐川の鳥という、いわゆる河川の鳥の特徴を説明させてもらおうと思います。

五十嵐川というのは私の地元なのですが、これまで五十嵐川の鳥は調べたことがありませんでした。たまたま機会がありまして昨年、四回ぐらい、信濃川の合流点から下田の入り口あたりまで、いわゆる清流大橋の上の方になりますが、その間を初めて見せていただきました。ちょうど7・13水害の復旧工事が盛んに行われるちょっと前の五十嵐川です。グラフをご覧ください。これは五十嵐川をずっと歩いて、数の多い鳥から順に並べてあります。まず下流の田島橋から信濃川の合流点までになります。次のグラフは田島橋から上流の清流大橋までの間に出現した鳥を並べてあります。鳥の種類はご覧になって分かるとおり、田島橋から上流の方が多いです。田島橋から上流の方には三十七種類で三百二十八羽。田島橋から下流には二十二種類で八十羽ということです。田島橋から清流大橋までは中流域になるでしょうか、多くの種類が出ています。五十嵐川でこれだけ観察されるとは思いませんでした。

出現した鳥の種類は結構多いのですが、そこで実際に繁殖をしていると思われる鳥、つまり五十嵐川にしっかりと結びついて、そこで子育てをしている鳥はどのくらいかというと、右側の繁殖期のグラフになります。田島橋から下流の河口付近までの間では、セグロセキレイやカワセミ、カルガモ、ハクセキレイ、イワツバメなど五種類ぐらいしかいないのではないかと思われます。三十七種類も出た田島橋から清流大橋の間でも、繁殖していると思われる鳥は十三種類ぐらいです。しかも羽数を見ると渡瀬橋の下で集団で繁殖しているイワツバメと、ヨシ原で繁殖しているオオヨシキリが非常に多くて、あとはそれほど

五十嵐川(信濃川合流点～田島橋22種80羽)

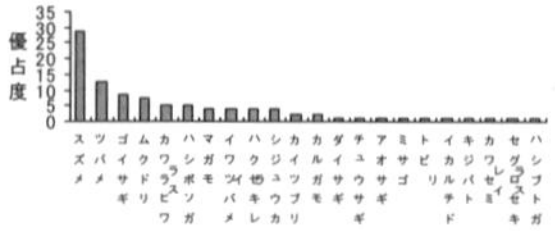

繁殖期(5種)

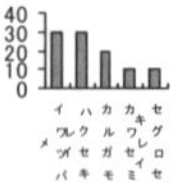

五十嵐川(田島橋～清流大橋37種328羽)

繁殖期(13種)

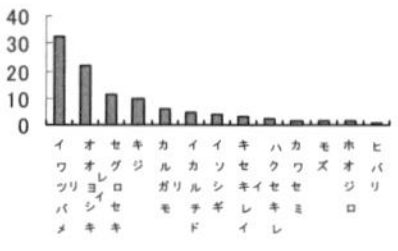

三条月岡林道の繁殖期の鳥類27種60羽

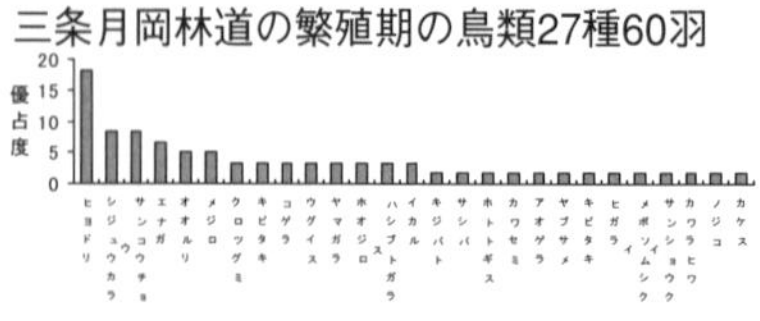

繁殖期(27種)

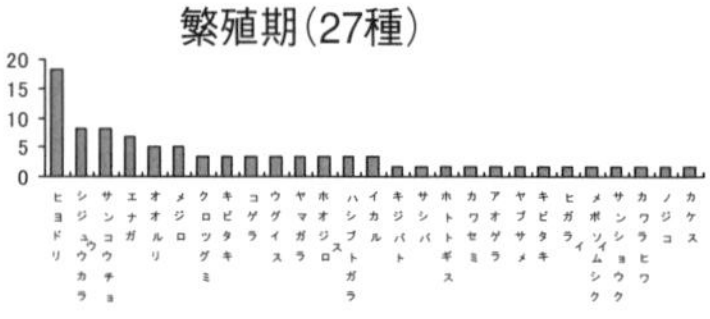

多くないということです。だから、川というのは繁殖している鳥の種類は少なくて個体数が多いという、いわゆる環境が不安定とか単純といわれる地域の鳥相なのです。例えばヨシばかり生えているようなところになると、オオヨシキリが断然多くなる。そうすると、田島橋から清流大橋までは三十七種類も出ているけれども、実際に繁殖している鳥は十三種類ということは、あとの二十四種類は五十嵐川の中で何をしているのだ、といえば、餌を取りに来たり、水を飲みに来たりするものもいるでしょう、ねぐらとしている鳥もいます。そういう鳥を含めて、全部で三十七種類いるということなのです。このような川の鳥相と比較してみるために、三条の同心坂の上になりますか、月岡の林道で、山の鳥を調べてみました。それが一番下のグラフです。調べたのは、たった一キロの間です。この林道沿いは、新潟県の中でも本当に鳥の種類の多いところだと思います。調べてみると、二十七種類で六十羽ぐらいでした。つまり川とは逆で種類数が多く、個体数はそれほど多くない。ヒヨドリがちょっと多くなっていますが、他の二十数種類は全部、同じくらいの個体数しか出てきません。これらがここで繁殖している鳥です。ヒヨドリ、シジュウカラ、サンコウチョウ、エナガなど、おそらく出現した鳥のほとんどはあそこの環境で繁殖していると思われるのです。そうすると、五十嵐川で繁殖している鳥よりも、はるかに多い鳥が繁殖しているといえます。だから、河川の鳥というのは生息しているというよりも、河川をいろいろな形で利用している鳥が多いということです。

また五十嵐川の鳥を調べた時に、五十嵐川はいい川だなと思いました。下流域にはハクセキレイが多く、だんだん上に行って中流域に入るとセグロセキレイの世界になってくる。さらに下田の方まで入って上流域になるとキセキレイに変わってきます。いわゆる「いるべき環境にいるべき鳥が、しっかりといる川」ということで、五十嵐川はいい川だなと感じたのです。ハクセキレイというのは、以前は夏には新潟県にいなかったのです。冬鳥だったのです。顔が白黒模様のセキレイです。セグロセキレイも極めて近い仲間です。ハクセキレイは北海道で繁殖していたのですが、昭和三十年ぐらいからだんだん東北地方に入り、それから新潟県に入ってという具合に南下を始め、今では日本列島のずっと南の方まで繁殖しています。だから、ハクセキレイは昭和三十年代前半ぐらいには、まだ新潟県には繁殖していなかった。しかし今ではどこでも見られます。ハクセキレイが入ってくるときにはまず、海岸や港などの建物を足がかりにして入ってきて、それから川伝いに内陸の方に入るといわれています。川沿いに工場ができたとか、あるいは砂利の採取場ができたとか、そういう構築物ができていくのに従ってそれらを繁殖場所にして、だんだんと分布を広げるといわれています。だから、上流の集落や構築物のない自然ばかりのところにはあまりいないのです。今、分布を広げている鳥の一つが、このハクセキレイです。このように、川には三種類のセキレイが分布しているということで、子どもたちの総合学習をやるときに、「近くの川の、セキレイの分布を見てみたらおもしろいのではないですか」とよく言います。誰でも分かる鳥ですので、ぜひやってみてください。ハクセキレイとよく似たもう一種のセグロセキレイは日本特産種です。日本にだけいる顔の黒いセキレイです。顔の白いハクセキレイが中流域のセグロセキレイのすみ場所にだんだんと入っていったら、どうなるでしょうか。けんかをしてセグロセキレイはハクセキレイを追い出すでしょうか。誰が見ても分かる鳥ですから、近くの川で調べられるとおもしろいかもしれません。

鈴木　セキレイが上中下流ですみ分けているというのは、食べ物か何かの関係ですか。

渡辺　食べ物は、おそらく川の中のカゲロウの幼虫ですとか、水生昆虫が主食になっていると思います。ハクセキレイは街の中の下水のようなところでユスリカなども食べています。おそらくハクセキレイはセグロセキレイやキセキレイよりもいろいろなものを食べ、生息場所への適応力もあると思われます。セグロセキレイは、どちらかというと中流域で川に密着しているセキレイです。問題は、都市開発などによって生活力の強いハクセキレイがセグロセキレイの領域に入ってきて、同じ餌を食べて同じ生活をするようになるとどうなるかということです。今まではハクセキレイがいなかったからセグロセキレイの天下だったけれども、そこにハクセキレイがどんどん侵入してきて、信濃川や五十嵐川の中流域にいたセグロセキレイがだんだん駆逐されて、いなくなる懸念があります。その辺を私も頭に置いて調べたことがあります。例えばハクセキレイが北の方から侵入してきたのであれば、またハクセキレイがセグロセキレイを駆逐していくのであれば村上ですとか県北の方では、ほとんどハクセキレイばかりになってもいいのではないかという気もしますけれども、必ずしもそうはなっていないような状況もあります。ただ、信濃川を下流から上流に向かって調べてみると、五十嵐川と同様に新潟市の河口付近には、ハクセキレイだけでセグロセキレイはほとんど入っていない。セグロセキレイが出てくるのは、信濃川をずっと上り、長岡市あたりからハクセキレイとともに出る数が五分五分になってきます。十日町あたりに行くと、圧倒的にセグロセキレイが多くなります。このように三種のセキレイが上・中・下流にそれぞれが生活基盤を持っている。そこに川の改修や周囲の開発によってハクセキレイが侵入してきて、三種の分布にどのような変化が表れるのかを見ていくことは川の鳥の分布や成り立ちを考える上でおもしろいし、川を考える上でも興味あることと思います。

鈴木　山と川との比較の話はおもしろいですね。人間社会に例えると、川はどっちかというと都会的なイメージ。定住しているというよりも、いろいろな人が食事に来たり飲みに来たり、遊びに来る鳥はあまりいないのかもしれませんが、休憩しに来たりする。流行の言葉で言えば交流人口が多いと言えばいいのか、そういう鳥たちがいろいろなところから、そこを多様な使い方をするために集まってくる場所が川だ、というお話ですね。それに比べると、山の方は住宅地というか、きちんとそこで暮らしている鳥たちが中心である、と。山の鳥も川へ下りてきて餌を捕ったり、水を飲んだりということもあるのですか。

渡辺　山にすむサンコウチョウですとか、キビタキとかヤマガラなどが五十嵐川や信濃川に出てくるということは、ほとんどないです。そして、今、鈴木さんがおっしゃったように、さまざまな利用の仕方で鳥が集まってくるのが川であり、まさにこれが川に鳥が多い理由です。先ほども五十嵐川の鳥で紹介しましたが、本当に川にすみついて繁殖している鳥は、そんなにいないのです。日本には鳥が五百五十種類ぐらいおりますが、その中で、河川で繁殖している鳥は三パーセントぐらい、十五、六種類程度です。日本の鳥で一番多いのは、やはり山にいる鳥、森林を利用する鳥なのです。河川で繁殖する鳥はそんなに多くないのですが、繁殖のために利用する鳥、あるいはねぐらに利用する鳥、あるいは越冬に利用する鳥、渡りの時の休息地として利用する鳥、餌取り場として利用する鳥がそれぞれの季節にいるということで、一年を通して川に、鳥が多くすんでいるようにみえます。

二、三日前ですが、ある新聞に松浦寿輝さんの連載小説が始まるというので、その抱負が載っていました。その小説は、川が極めて重要なテーマになっているらしいのです。父親と子ども二匹のネズミ一家が、川の上流を目指し、安住の地を求めて旅をするというストーリーで、その間にいろいろな川とのかかわり、あるいはいろいろな人とのかかわりがあるようで、松浦さんはこうおっしゃっているのです。「川は、自然から文化に向かって流れてくるのだ」と。おそらくネズミ一家は文化圏で起こるいろいろな問題に耐えかねて、より安住の地を上流の自然圏に求めて旅をするということだと思うのですが、川の鳥たちはまさにこの文化圏で暮らしているのです。その文化圏で起こる河川改修や河辺の改変などによって増えたり減ったりしているのだと思います。また、ハクセキレイのように文化が上流へ向かうにつれて、ネズミ一家のように上流の自然圏に生活を広げていくことになります。しかしその自然圏で暮らす山の鳥たちは川の流れのように下流の文化圏に移って生活することはできません。下流からの文化圏の進出は自然圏の鳥たちを別の自然圏へ追いやるか、絶滅の方向へ追いつめることになるのだと思います。

鈴木　鳥も人間と交じった方が、ずうずうしくなって強くなるということなのでしょうか。守るのであれば、自然圏にいる鳥の環境をきちんと守ってあげないと、ということですね。それは必然的に、代替は利かないということになるわけですね。

流域の環境変化への懸念――失われつつあるすみか

鈴木　先ほど渡辺先生のお話を伺っていて印象的だったのは、草原性の鳥についてです。川で観察される鳥というと水辺の鳥、水鳥というイメージが何となくあったのですが、草原性の鳥というのが信濃川で増えてきているのですか。

渡辺　先に紹介しましたホオアカやアオジ、コヨシキリ、オオヨシキリ、あるいはヒバリなどのように草地を好んですむ鳥、あるいはそういうところで子育てをする鳥のことです。このような鳥が、先ほどお話ししたように、信濃川に多いのです。ホオアカというのは以前の図鑑を見ると、ほとんど高原の鳥と書いてあります。それで高原にいるのだろうと思っていたのですが、大河津分水に行ったらいるのです。しかも長岡へ行ったら、私はその時はまだ長岡にいなかったのですが、長岡の河川敷にはホオアカもいるけれども、同じように高原にいると思っていたアオジも繁殖しているという話になったのです。それは違うだろう、まさかアオジが平野部の河川敷にいるということはないだろうと思ったら、実際に、信濃川の河川敷にはアオジが繁殖していたのです。そして、コヨシキリという鳥もそうです。ヨシがあればいるというオオヨシキリとはちょっと違って、県内ではコヨシキリはあまりいなかったのです。それが長岡の信濃川河川敷には一九八〇年頃には本当に多かったのです。長岡の長生橋から今の大手大橋、それから長岡大橋には本当に多くのコヨシキリがいたのです。「繁殖期における鳥類群集」のグラフの中にも、コヨシキリは信濃川で繁殖している鳥ということで入っていると思います。それをご覧になっていただくと分かりますが、オオヨシキリと並んでコヨシキリの数が非常に多いですよね。私は信濃川の鳥を語るとき、今挙げた三種類の草原性の鳥の話をよくします。これが信濃川の中流域を非常に特徴づける鳥だからです。これら三種は信濃川や阿賀野川の河川敷にはいるのですが、五十嵐川にはいないのです。そこで、これらの草原性の鳥が入ってくる要素は何だろうと考えていくと、信濃川や阿賀野川の堤防に広がる草地や広い河川敷などが生息条件として浮かび上がってきます。

そして今、鈴木さんから問いがありましたが、その数はどうなっているか――これが減っているのです。ホオアカは一九八〇年に調べた時は、大河津分水路の河口近くにある渡部橋から小千谷の旭橋まで、オスの数だけで六十二羽いました。オスがさえずっているということは縄張りを持って繁殖している可能性が高いということです。だから、繁殖しているつがい数が六十二ぐらいあるということです。二十年後の二〇〇〇年に同じような形で信濃川のホオアカの調査をやってみました。数が少なくなっているというのは分かっていましたが、さえずっていたオス

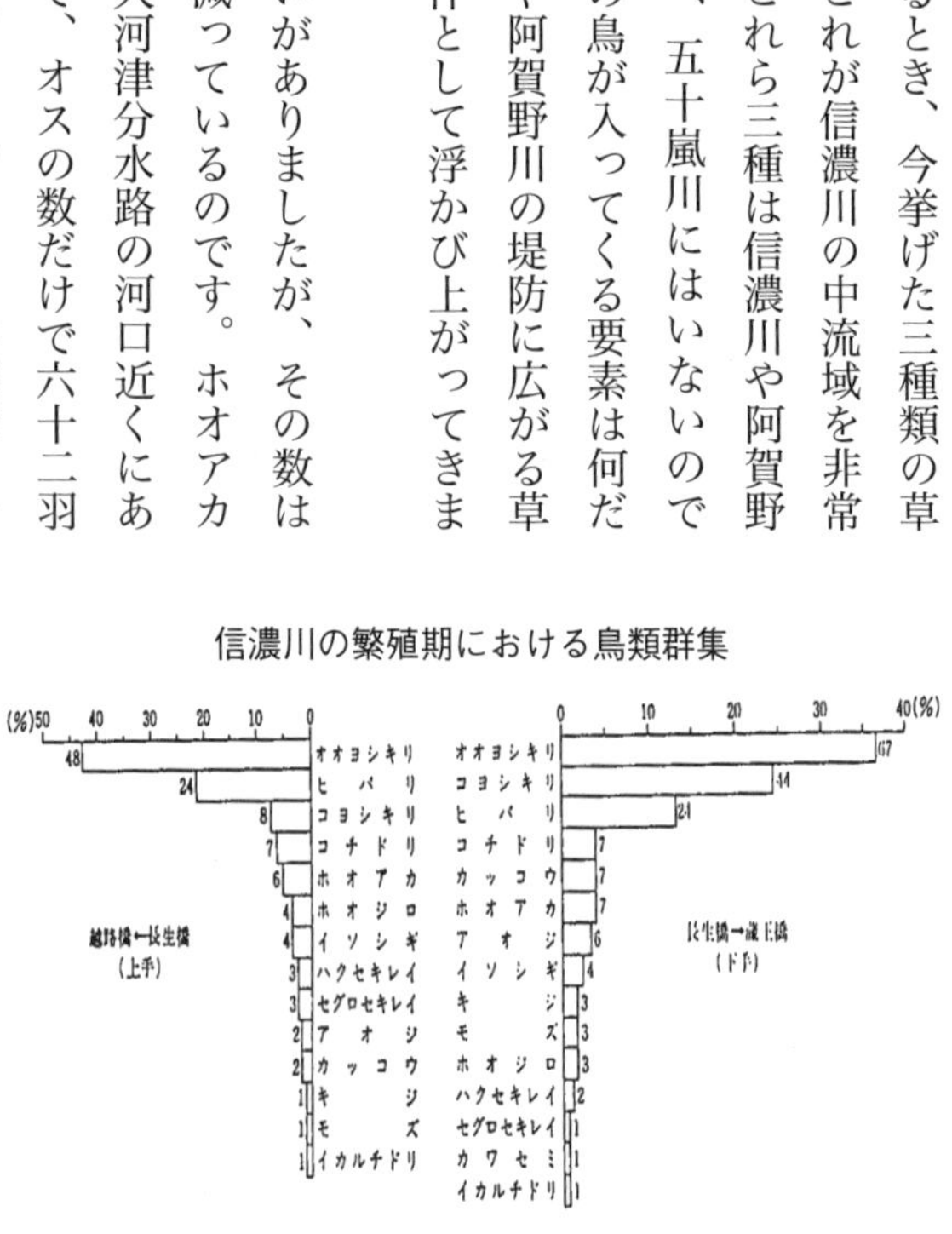

信濃川の繁殖期における鳥類群集

の数は十羽でした。それから、コヨシキリは長岡では四十羽、五十羽といたのが、今は十羽もいないという状況になっているのです。ところが、環境がそれほど変わったのかといいますと、こんなに激減するほど変わっているようには見えません。ただホオアカは堤防の草地に繁殖する鳥で、草の中に巣を作るのです。そして、五個か六個の卵を産んで、六月ぐらいにヒナが出ます。七月ぐらいにずれ込むのもありますが、この時期にちょうど堤防の草刈りが行われます。これが、ホオアカにとっては極めて脅威なのです。それで今、ホオアカはどこにいるかというと、河川敷や堤防の草地よりも周りの休耕田などに多くなってきているのです。堤防の草刈りだけが原因ではないと思いますが、コヨシキリだとかホオアカの激減の原因を探らなければならないと思います。今後、信濃川の環境を見ていくときに、特に注目していかなければならないのが、これら草原性の鳥だと思っているのです。

鈴木　草原性の鳥がすめる環境が信濃川にあるというお話でしたが、それは具体的にいうとどういうことなのですか、五十嵐川にはなくて信濃川にある条件というのは。

渡辺　一つは河川敷の広さです。そしてその広い河川敷の中にいろいろな形の草地や裸地、畑、ヤナギの低木、ヨシ原など、多様な環境要素がモザイク的にあるということだと思います。五十嵐川にはそれだけの広さと環境要素がないということでしょうね。五十嵐川も道心坂の下あたりにはかなりのヨシ原がありますが、ホオアカやアオジが生息するにはただ草地があればいいのではなくて、畑ですとか荒れ地、あるいは柳の木がポツポツ生えているとか、そういうところが必要なのです。だから今、かつては信濃川にホオアカが六十二羽いたと言いましたけれども、どこにでもいたというのではなくて、「いる場所にはいる」という形なのです。そのいる場所というのが多様な環境要素を持った広い河川敷ということなのです。

鈴木 確かに信濃川は広いのはもちろんですし、見ていると本当に立派な中州、中州というにはちょっと失礼に当たるような、砂州ではなくて森のようになった中州もあれば、大河津のあたりに行くと、堤防より川側に非常に広い耕作地もありますし、ときにはグラウンドになっているところもある。非常に多様な環境をのみ込むだけの容量がある川だ、ということですね。その条件がどう変わっているのか、草原性の鳥の数の変化とどういうかかわりがあるのか——。長岡の話ですが、長岡市内の日赤病院やいろいろな商業施設が集まっているゾーンというのは、昔は河川敷だったですよね、ああいうところも鳥にとっては非常にいいところだったのですか。

渡辺 まさに鳥の天国のようなところでした。今、あそこは日赤があったりいろいろありますが、あの辺は全部ヨシ原で湿地があり、鳥の多かったところです。何千羽というサギの集団繁殖地もありました。

鈴木 あそこはわざと堤防の一部を切って、そこから洪水時には水が入り込んで、いわば遊水地のような場所でした。今は長岡のまちづくりの中で非常に拠点的な地域になっていますが、かつてはそういうエリアだったわけですよね。それを高度成長期に閉め切って埋め立て、陸地化して、長岡の副都心という形で開発し、最終的には長岡市と半分ずつ分けることになりました。今、河川行政というか、治水に対する考え方も変わっていって、溢れさせるような遊水的な機能を大切にしようということで、ああいうやり方が若干見直されていますよね。そういう遊水地的スペースは鳥にとっても非常に貴重だったわけです。かつての河川行政の流れの中で、草原的な多様な機能というのが失われたという可能性はありますよね。

渡辺　一番変わってきたのが、河川敷の乾燥化だと思うのです。今お話になったように、昔は河川敷の中に幾つもの水たまりがあり、そこで魚釣りをした人も多いと思うのです。今の日赤の建っているあの辺には、私も博物館にいた時にゴイサギの調査で毎日のように通いました。その調査というのはゴイサギの巣を全部で三百五十ぐらいについて何個卵を産んで、何個からヒナがふ化し、何羽ヒナが巣立っていったかというような、いわゆる繁殖成績を見ていました。そんな調査の時には、腰のあたりまで水に浸かりながら調べたものです。河川敷の中を水をジャブジャブこざいていくようなところもありました。そんな湿地には、バンですとかヨシゴイという水鳥がいたわけです。そういう湿地にいた鳥が、まずいなくなったということです。それはやはり、今日は大水が出ておりますが、今は河川敷まで水が上がることが少なくなって、河川敷がだんだんと乾燥化してきて湿地がなくなったというのが一番大きな変化だと思います。

鈴木　川だから波打ち際というのは言葉がおかしいかもしれないですが、そういう空間は、特に信濃川のような大きな川の場合は少ないですよね。信濃川はメーンの大河ということで、万が一のことがあったら大変だということもあるのでしょうが、がっちりと固められた場所が多い。護岸などでもなだらかに、だんだんと乾燥地から少し低い一週間に一回水に浸かるところ、三日に一回浸かるところと、次第に水辺に入っていくというような空間があれば、より多様な鳥がすめるのではないかという気もします。

渡辺　植物では、水際から冠水の程度によって毎年水をかぶっているようなところの「不安定帯の植物」と、一年に数回程度水をかぶるようなところに出てくる「半安定帯の植物」、そして、数年に一回ぐらいしか冠水しない「安定帯の植物」というように、不安定帯、半安定帯、安定帯と分けています。安定帯にはオニグルミやエンジュなどが大木となってうっそうと茂っているわけですが、長岡の河川敷はそういう林が多くなったということです。大きなオニグルミの木が、ここが河川敷かと思うような林になって生えていますけれども、あそこは昔はヨシ原だったのです。水がかぶっているような不安定帯や半安定帯がなくなってきたのでしょうね。

鈴木　中間領域がどんどん減っているということですね。

ちょっと話は戻りますが、セキレイのすみ分けの話でハクセキレイが外来というか、北からやってきて、以前からすんでいるセグロセキレイのところを荒らしていくということでした。魚の世界では外来種のブラックバスの例がありますが、鳥の世界でもそういったことが問題になっているのですか。

渡辺　ハクセキレイの場合は、それとは少し違います。外来種問題は今、魚が非常に問題になっておりますが、鳥の方は魚ほど深刻な問題になっているのは出てきていないようです。これは地域によりますが、関東や関西の方ではソウシチョウですとかガビチョウ、あるいは東京で有名なのはワカケホンセンインコが二百、三百の群れになって東京都心を飛んでいるというのがありますが、あまり深刻な問題になっていません。外来種問題は、例えば、ブラックバスが入ることによって環境への影響が非常に大きいということです。従来日本にいる、例えばタナゴやフナなどが、どんどんいなくなってしまうわけです。だから、ブラックバスが外来種だからどうこうということよりも、その影響が極めて深刻だというところが問題になるんだと思うのです。そういう面で鳥の方では、沖縄に生息するヤンバルクイナが外来動物のマングースに捕食されて絶滅が心配されている例があります。もう一例はカイツブリという鳥、皆さんご存じかもしれませんが、池や堤にいる水鳥です。水の中によく潜る、ハトぐらいの大きさの水鳥で、よくニオという古名で短歌にも詠まれています。琵琶湖はニオの湖といわれるぐらいに、カイツブリが多い湖として有名です。私はこの鳥を七年間ぐらい、調べたことがあるのですが、最近、弘前大学の佐原先生が、ブラックバスが放された池からはカイツブリがいなくなるのはなぜなのだ、ということを調べられました。カイツブリは小さいので、ブラックバスのような大きな魚は食べられない。特にヒナを育てる時は、メダカぐらいの大きさのものを与えます。では、ブラックバスの稚魚を与えていれば同じことではないかと思うのですが、そうはうまくいきません。ブラックバスの稚魚は、冬を越してカイツブリのヒナが生まれる五月、六月ぐらいになると大きくなっていて、カイツブリのヒナに与えられるような大きさではないらしいのです。かといって、ほかの小さな魚は、ブラックバスが繁殖している影響で、少なくなっている。それで、カイツブリの子育てができなくなり、カイツブリがいなくなってくるのだという話をされていました。だから、ブラックバスなどを介してカイツブリのような小魚を主に食べる鳥が、近年では少なくなってきています。特に深刻なのは琵琶湖で、小さな魚を食べる水鳥が少なくなってきて、大型の魚を食べる水鳥が多くなってきているといわれています。大きな鳥というのは、カワウですとか、アオサギなどです。

鈴木　私、新潟市内で仕事をしているのですが、信濃川の下流部、新潟の街中に鵜がいっぱいいますよね、新潟でも鵜飼いができるのではないかと思って喜んでいたのですが、決していいことばかりではないのですか。

渡辺　カワウは今お話のように、全国的に増えてきているのです。一九六〇年代から七〇年代ぐらいは、それこそ絶滅するのではないかといわれたぐらい数が減少しました。その頃はもちろん新潟県にはほとんどカワウは見られなかったのです。ところが一九八〇年代に入ってから、上野の不忍池など関東や関西の方にあった有名なカワウの集団繁殖地での繁殖数が多くなってきた。そのせいかよく分かりませんが、各地にカワウが増え始めてきたのです。新潟県の場合、増加がかなり目立つようになってきたのは一九九〇年代だと思います。一九八〇年に長岡の信濃川で調べた時には、カワウは二、三羽で珍しいくらいでしたから。

鈴木　今、県庁の裏に行くと、群れをつくっています。

渡辺　今は群れをつくって入ってきているので、新潟県でも確実に増えてきています。カワウが問題なのは、魚を専門に食べるということです。それこそカワウは大きなコイやフナ、アユなどを食べるものですから、地域によっては内水面漁業に深刻な問題が出ています。またサギと同じように集団で繁殖するので、糞によって木が枯れます。この二つの問題でどこでも嫌われて、地域によってはカワウの駆除が行われています。今、新潟県の状況については県の野鳥愛護会で調査をやっております。去年一年間の調査で、県内の状況がある程度分かってきたのですが、新潟県では夏場は少ないのです。今の時期は、新潟県全体でも五百羽以下ではないでしょうか。それが冬になると、一番多い時で千五百羽ぐらいです。季節によってカワウの数が変わってくるのです。それからもう一つ、季節によって、同じ信濃川でもいる場所が変わってくることが分かってきました。夏場は、魚野川や川口町から十日町市までの信濃川上流部に多くなるのです。アユ釣りの時分にカワウが多くなってくるようなのですが、アユとの関係はまだよく分かりません。そして冬になると上流部では少なくなり、三条市だとか新潟市などの信濃川下流や、福島潟などに多くなります。今、お話のあった県庁の裏あたりは、冬に多くなってきます。中ノ口川などには夏はほとんどいないのですが、冬になると二百ぐらいの数が出ているし、十月以後、冬季には三条大橋の上流にテニスコートが左岸にありますが、あそこの川辺の五、六本のオニグルミの木に、カワウが集団でねぐらを作るのです。私もずっと分からなかったのですが、三月に行きましたら、木が糞で真っ白になっていた。夕方待っていましたら、案の定、カワウが集まってくるのです。百八十羽から二百羽いました。新潟県では冬にこのような二百羽規模のねぐらが平野部に転々とできてくるのです。

鈴木　夏はヤナ場にいっているわけですか。

渡辺　夏場はヤナ場のあるような上流の方に行って、冬になると下流の方に来る。なぜかはよく分かりませんが、魚が捕れなければだめですので、冬は魚野川のような上流部では魚が少なくなって、深みのある下流部や湖沼などの方が魚が多くて捕りやすいのかな。

鈴木　この十数年で、これまであまり見かけなかった種が増えるというのは、先ほどのカイツブリの話のように、魚類の生態の変化によるものなのですか、それとも気候の温暖化とか、暖冬が続いたとか、原因は何か推測されているのですか。

渡辺　一ついわれているのは、先ほど言いましたように関東や関西の、かつてはカワウの大きなコロニーがあったような地域で増えてきたというのは、一時期よりも河川などの汚染が減少し水環境が良くなったからではないかといわれています。昭和三十年代から四十年代に、環境悪化や農薬などによって水鳥類がぐっと減った時期がありますけれども、近年、それが改善され、水環境が良くなってきたのに伴ってカワウの繁殖数が増加してきた。増加したところでは新たな問題が起きて駆除もされ、追われているものだからそれが分散して各地に散らばり、各地に集団繁殖地ができ始めたのではないかといわれています。だから、新潟の方に魚が非常に多くなってきたからカワウが入ってきたというよりも、分散したカワウが仕方なく入ってきたのかもしれない。ただそのカワウが定着するためには、例えば信濃川にそれだけの魚がなければなりませんし、それだけのものを持っている川なのだと思いますが。オジロワシやカワウという魚を捕る大形の鳥がいるということは、信濃川はやはり魚が多いのではないかと思います。

鈴木　ちょっと寒いのさえ我慢すれば、外套の一枚ぐらい着れば、こんなにいいところはないと。環境悪化が原因ではなくて、環境が逆に良くなったから個体数が増えて、日本中に拡散しているという。

渡辺　やっぱり魚食性の大型の鳥が多くなっているということは、そうなのでしょうね。

鈴木　オジロワシは、天然記念物ですよね。しかも日本で最大の猛禽類といわれる鳥が、大都市ではないですけれども、中都市の真ん中を流れている川にいるというのには非常にびっくりしました。昔からいたのですか。

渡辺　いたのだと思いますが、気がつかなかったですね。私が最初にオジロワシを見たのは、大河津分水です。最初はそれほど大きいとは思いませんで、トビかなと思ったのですが、よく見たらオジロワシでした。それが最初の出合いです。そして長岡に行きましたら、長岡の信濃川にも来ていました。オジロワシはさっきも言いましたけれども、魚を食べるワシなのです。ワシの中にも、例えば山の方にいるイヌワシですとかクマタカは、ウサギを捕ったりヤマドリを捕ったりしていて、いわゆる山ワシといわれています。ところが、オジロワシは海ワシといわれる仲間です。オオワシやアメリカの国鳥になっているハクトウワシなども同じ海ワシで、どちらかというと魚を捕るワシなのです。長岡のオジロワシを見ていますと、餌の八割が魚です。あとの二割は何かというとカモを捕まえているのです。魚は小さいのでも大きいのでも何でも捕ります。それでも、オジロワシはカワウほど食べないような気がしますね。十一月に来て三月までの四カ月間ぐらいいます。長岡には必ず二羽来ていますが、これはつがいで、毎年同じ夫婦で来ているようです。そして、最近、長岡で研究しておられる人が観察して初めて分かってきたことなのですが、この夫婦はメスの方が非常に強いのです。猛禽類は大体メスの方が体が大きい。しかしトビはあまりメスとオスの差がないようです。トビはどちらかというと死んだり弱っている動物を捕るタカで、そういうタカだとあまりオスとメスで差はないようなのです。ですから、生きているものを捕るイヌワシやクマタカ、あるいはオオタカなどは、メスの方が大きいのが普通です。オオタカやハイタカなどは、本当に同じ種類かと思うぐらいに大きさが違います。なぜそうなっているかというのはよく分かりませんが、そのほうがバラエティーに富んだ動物を捕食できるといわれています。オスは敏捷で小型の獲物も捕れる、メスはどちらかというと大型のものを捕る、というようなことです。ところが長岡のオジロワシを見ていると、夫婦が一緒のときは、オスの捕った獲物をメスがよく取り上げるのです。特に二月になると、その傾向があります。オジロワシは、オスとメスはほとんど離れずに一年中一緒にいて、北の方へ行って繁殖するのですが、冬にこちらに来ている間も夫婦です。夫婦の絆を高めるために、二月ぐらいになってくると、オスが捕った魚をメスにプレゼントするということもあります。逆に夫婦関係がうまくいっていないと、オスが捕った魚をメスが横取りします。オスが取り上げることは、ほとんどありません。鳥類では、オスがメスに餌をプレゼントすることは、繁殖の時によく見られます。コアジサシやカワセミなどもそうです。カワセミも卵を産む前にオスがメスに餌をプレゼントして、それを受け入れることによってつがいになるといわれています。そういうプレゼントは求愛のためのただのプレゼントというよりも、餌をやることによって産卵するメスに体力をつけさせる意味もあるのでは、ともいわれています。そういう意味では、オスからの餌のプレゼントというのは大きな意味があります。長岡のオジロワシは、蔵王橋から越路橋までの約十キロを利用しています。二羽の夫婦が一冬過ごすのに、長岡の信濃川が十キロ必要なのです。蔵王橋の近くにメスがいて、オスは越路橋の近くにいるということもあります。このようなとき、オスはメスがいないものだから、このときとばかりにたくさん餌を捕るようです。

鈴木　でも、繁殖は北で行うわけですよね、オスはメスに、子どものためにたくさん食べさせてやるわけではない、単なる力関係でしょうか。

渡辺　繁殖はどこでやっているのか分かりませんけれども、もう二月頃になると繁殖の準備が始まるのです。北へ渡っていくためのエネルギーはオスもメスも一緒ですが、その後の産卵、抱卵、子育てはメスに大きな負担がかかります。その意味ではこの時期からメスは十分な餌を取って体力をつけておく必要があるとも考えられます。また繁殖に向けてつがいとしてのきずなを高めておく必要もあり、オスからメスへの餌の提供が多くなるとも考えられます。

鈴木　オジロワシの飛来地は、信濃川あたりが南限なのですか、もっと南まで。

渡辺　もっと南まで行きます。沖縄まで行ったという例もあります。

鈴木　ハクチョウが代表的でしょうけれども、さまざまな渡り鳥が季節によって行ったり来たりします。川というのは、そういう休憩所にも使われるわけですね。

渡辺　渡り鳥の休息地として利用されるということも、また、皆さんに知っておいていただくといいと思うのですが、信濃川に鳥の種類が多いという中には、春と秋の渡りの時期にも多くの鳥が信濃川を利用するということがあります。鳥の一年の生活とはどういうものかというと、今の夏時期には、子育てはほぼ終わります。繁殖の時期が終わって、これから秋の渡りが始まるわけです。今繁殖しているツバメだとか、あるいはオオルリやサンコウチョウなどは夏鳥といわれる鳥で、春に日本に来て子育てをして、十月ぐらいになると越冬地の東南アジアなどに渡ります。一方ハクチョウやカモなどは逆で、今、ロシアの方へ行って子育てをしている。そこで子育てが終わって、秋に日本に渡ってくる冬鳥です。このように繁殖地と越冬地の二つの地域を一年に一回往復するのが、いわゆる渡りという現象で、日本の鳥の八十パーセント近くは渡り鳥だといわれているのです。そし

オジロワシ

てこの春と秋の渡りの時に信濃川を休息地として利用する鳥もいます。例えば北海道で繁殖したオオジュリンは、信濃川などを休息地としてここで数日間休んで、越冬地である九州まで行くというような形を取るわけです。

私たちはよく、信濃川は鳥が豊かだ、という表現をしますけれども、豊かというのはどういうことかというと、一つは季節を追って次から次へと鳥が入れ替わり、一年を通して多くの種類の鳥が見られるということです。これが信濃川のような大きな川の特徴だと思います。

鈴木　新潟のような雪国では、川の空間は、冬の間の鳥たちにとっては貴重な空間だということなのですか。

渡辺　そうですね、冬場は特に貴重な存在です。信濃川もそうですが、五十嵐川のような川を冬の積雪期に見ると本当にそうだと実感します。こんな鳥がここに来ているのかと思うことが幾つもあります。雪が降ると南へ移動する鳥はたくさんいます。雪の少ない年や雪が降らない年には、メジロやカワラヒワなどが冬でも残っているという話をよく聞きます。これらの小鳥は大雪になるとほとんど餌が取れなくなり、雪のない地方へ移動をするのだと思います。ただし、雪の中でも地面が出ているところがあれば、とどまる鳥もいる。それが水辺なのです。したがって雪が降ると五十嵐川などでは急に鳥が多くなることがあります。冬、五十嵐川にはタシギやイカルチドリなどの川を利用する鳥ばかりでなく、スズメだとかカラスだとか、ツグミなどの陸の鳥も、雪の消えている中州や河原に集まっています。今年の冬驚いたのは、二月に、五十嵐川上流の中州にクマタカが来ました。クマタカというのはそれこそ山の鳥で、国内希少種の一つですが、まさかと思いましたけれども、クマタカが砂利の中州に来たのです。そこは常に水がかぶるものだから雪が消えて石や土が出ているところです。そこへ餌を取りにくるのです。何を取ったか分かりませんが、雪国の冬は河川が多くの鳥の命を支えていることを実感しました。従ってその地域が河川を持っていることによって、冬でも鳥が多く見られるということはあると思いますね。三条に五十嵐川や信濃川がなかったら、冬の鳥相は寂しいものになると思いますよ。

鈴木　渡り鳥が多いという話ですが、素人考えなのですけれども、例えば本州を横断しようというときに、信濃川沿いに飛んでいけば千曲川へ行って、ちょっと飛べば天竜川、今回の水害コースで行けば太平洋に出られると、そんなふうに川伝いに飛ぶことはあるのですか。

渡辺　おそらく目標物、目印のような形で飛ぶことはあるでしょうね。例えば海上を渡るというのは、鳥も勇気がいるのです。そうすると、陸の見える海岸沿いに南下あるいは北上した方がいい、というのはあると思うのです。内陸の方でも大きな河川沿いに移動するということはあると思います。陸で生活する鳥が海を渡るときには非常に勇気がいるんだなと感じる体験があります。三月の春の渡りの時に粟島の一番北に行ってみますと、これからいよいよ北へ渡るというヒヨドリが何千羽と集まってくるのです。島から出ると、ずっと海が広がっています。どこに行くのか分かりませんが、とにかく次の陸のところまで行かなければなりません。見ていると海に出るときに、みんなが一気に一回で出ていくのではないのです。出ていったと思ったら引き返し、出て行っては引き返し、何回も戻ってきます。海の上に出ていくというのは渡り鳥でもそれだけ勇気がいることなのです。そのヒヨドリを待ちかまえているのがいまして、ヒヨドリが海の方にいよいよ渡るぞというときに、ハヤブサが群れの中に突っ込んできます。ハヤブサはそれを狙っているわけです。しかしハヤブサがいたから引き返すのではなくて、ハヤブサが来ないときでも何回も何回も、引き返しを繰り返している。そして、ようやく出発した群れが海上に消えていきます。また、船に乗っていますと、船の上に小鳥が降りてくることがあります。岩船港から粟島へ行くわずかな間ですが、疲れて、船に降りる小鳥がいます。船のすぐ脇まで来ていながらそのまま海に落ちたツグミを目撃したこともあります。毎年、渡るルートのようなものはあると思います。おそらく信濃川に来る鳥は、同じものが毎年、渡っているのだろうと思います。私は環境省の仕事で標識調査を信濃川でやっております。毎年十月上旬から十一月上旬まで、約二千羽の小鳥を捕まえてリングをつけ、また放してやる仕事です。今は大河津分水で行っていますが、前は長岡の信濃川で二十年も続けていました。すると一年前、二年前に信濃川で放したアオジが再び捕まることがあります。三年以上たってまた同じ長岡の信濃川で捕ったアオジもいます。だからこれらのアオジは毎年信濃川をルートにして渡っている可能性があります。標識調査をやっていますと、北海道で放鳥された鳥が、信濃川の河川敷に多く入ってきていることが分かります。アオジ、オオジュリン、カシラダカというホオジロ科の三種が圧倒的に多いのですが、リングを見ると北海道や青森県で放鳥されています。そして、大河津分水や長岡で私が放した鳥が長野県で捕まったり、あるいはもっと南の愛知県や四国、九州などで回収されています。オオジュリンというのは割合に回収が多い鳥です。なぜかというと、渡りの時にはヨシ原からヨシ原を伝いながら行くからです。北海道のヨシ原で標識されたオオジュリンが、各地のヨシ原伝いに渡ってくるというわけです。信濃川でも多く放鳥しています。最後は越冬地である北九州のヨシ原で、多く捕まっています。それで、北九州の方から、「渡辺さんがそちらの方で放されたそうですが、何月何日に放したのでしょうか」という問い合わせの電話が来ます。この調査によって、鳥の秋の渡りというのは間違いなく北の繁殖地から南の越冬地に向かって渡っているのを実感します。そしてこれらの鳥は、信濃川を休息地として利用しているんだなということも分かるのです。

鈴木

九州に行くのは日本海沿いかもしれないし、愛知方向へ行くのは信濃川から長野経由で川伝いに行くのかもしれません。新潟は、いろいろな形の鳥が行き来する十字路でもあるということだと思います。

ほかに、街中で生息していろいろな問題を起こしていたムクドリとゴイサギのコロニーを、信濃川へ移動させたという渡辺先生の取り組みも成功されています。これは先進的な取り組みとして有名だとお聞きしているのですが、少しご紹介いただけますか。

渡辺 ムクドリとサギの移動作戦については、それぞれ若干状況が違いますが、では、サギの方の話をしましょう。皆さんご存じだと思いますが、長岡の悠久山には五十年の歴史を持つサギの集団繁殖地がありました。新潟県では最も古い繁殖地です。戦後の食糧難の時に木に登りついてサギの卵を取ったり、サギのヒナを取って食べたというのは昭和二十五、六年頃の話としてよく聞きますので、その頃にできたのではないでしょうか。その時分はサギもそれほどいっぱいいなかったのでしょうが、悠久山にある蒼柴神社という由緒ある神社に、「瑞鳥が悠久山に来て非常にめでたい」という内容の短歌が残っているという宮司さんのお話ですので、おそらくその時分に大きなツルに似たアオサギが入ってきたことが分かります。

昭和五十一年に私は初めて悠久山に行ってみました。博物館に入って何を研究しようかなと思っていたときに、ある新聞社の方から「悠久山にはサギは何羽いるのですか」と聞かれたのですが、何も答えられなかったのです。五百羽ぐらいじゃないですか、みたいな話をしたような記憶がありますが。それで、一つ調べてみようということで、悠久山のサギを調べ始めました。サギの数をどうやって調べるかというのが一つのポイントになりますが、サギを一羽、二羽と数えるのは大変な話ですので、巣の数を数えたのです。悠久山のサギが幾つ巣を作るか、巣を数えようと思い、杉の木の一本一本に番号を振りました。この前、悠久山に行ってみたら、赤いペンキで書いた札の一部がまだ残っていました。全部で四百五十本ぐらいあったのですが、一本一本に抱きつきながら、水糸で結んだのを覚えています。そうやって毎年、一番の木にはアオサギの巣が何個、ゴイサギの巣が何個、という方法でやってきました。私が調査を始めた昭和五十一年には、ゴイサギの巣が約千個、アオサギの巣が約百五十個ぐらいでした。巣が千個ということはオスとメスがいるので約二千羽、また、アオサギを入れると二千三百羽から二千五百羽規模のコロニーということです。こうやって十七年間毎年調査しました。悠久山は繁殖コロニーですので、アオサギはゴイサギよりちょっと早く、二月下旬になると悠久山に飛来して、子育てが終わる八月には悠久山からいなくなります。ですから、サギの繁殖が終わった八月から翌年の三月までは、悠久山にサギの声が全くしないのです。ところが、三月になって帰ってきますと、もう大騒ぎの状態が始まります。四百五十本ぐらいの木しかない中に千、二千の巣を作るので、当然一本の木に何個もの巣があるわけです。サギが気に入った木だと三十個ぐらい巣がある。鈴なりみたいな形で巣が作られます。

そういう形になっていきますと、杉の木も枯れてきます。悠久山の杉も由緒あるもので、約二百五十年ぐらいたっているのです。長岡では「蒼柴の杜」といわれて市民に親しまれ、悠久山も「お山」といって市民の憩いの場でした。そこの木がどんどん枯れ始めてきているのが心配の種でした。また近くには悠久山球場もありますし、家もいっぱい建ってきています。その住民の人たちに、非常に影響が出始めてきたのです。私が博物館に入った昭和五十一年頃は千個ぐらいの巣があっても、杉林の中央付近に巣が多かったものだから、あまり周りに影響はなかったのです。それでもサギの被害が、ポツポツと耳に入ってきたので、私がいる間にこのサギを何とかしてくれ、追い出してくれ、というような話がなければいいがなと思いながら、毎年巣を調べていました。しかし、巣はどんどん増えてこれはもうだめだということで、いよいよ一九八九年にサギの追い出し作戦をやることになりました。そのころには千だったゴイサギの巣が、倍の二千になったのです。そして、アオサギの巣が百五十から二百五十になった。そこに今度はコサギという白いサギも入ってきたのです。コサギの巣は六十個ぐらいでした。私はサギの調査のほかに、木の枯れ具合も調べていました。今までサギが巣を作らなかった木は葉が茂り青々していますが、サギが巣を作り始めると、三年ぐらいで杉の木が枯れ始めるのです。前は十年かかって枯れたのが、後年になってくると、林全体の活力が弱まってくるのでしょう、三年、五年ぐらいで枯れ木になるのです。今行ってみますと、ここが杉林だったのかと思うぐらい、杉がなくなっています。私がサギの追い出しをやる時には、枯れていない杉の木は百本ぐらいになっていました。枯れていないといっても、これから枯れるだろうと思われる木も入れてそのくらいで、あとはほとんど枯れていました。つまり三百五十本ぐらいは枯れてしまったのです。そんな状況になっていたのです。

そこに住んでおられない方は、サギの方が先に来ていて、そこに後から家を建てたのだから我慢しろという暴言とも思われる話が出たり、サギがかわいそうだから、という声もありました。確かに自然保護も大事だし、鳥も保護しなければならない。それでも近隣住民の方々は十年も前から何とかしてくれと、市へ毎年陳情をしてきたのです。サギコロニーは、ただうるさいというのではありません。悠久山のサギは、非常に高い杉に目皿のように木の枝を組み合わせた巣を作っています。そこでサギは水っぽい糞をしますので、それが霧状になって降る。木は真っ白になるし、周りの住宅の洗濯物にもかかってしまいます。巣そのものは二千五百個ぐらいですが、六月頃には一つの巣からヒナが三羽ぐらいずつ出てくるわけです。すると、ヒナの数だけでも六千～七千羽になります。親は五千羽ぐ

アオサギの営巣

ゴイサギの営巣

らいなので、一万羽以上のサギがわずか二ヘクタールの枯れ木が多くなった杉林の中にいるわけです。ヒナが成長してくるにつれて、羽もだんだん伸びてきます。ヒナの羽が伸びてくるときというのは、ちょうど筆の先に鞘《さや》がかぶったようになっているのですが、その鞘がポロポロと取れて、そこから羽が出てくるのです。六千羽のヒナからパラパラと取れてフケのようになったケラチン質の鞘が風で飛んで窓を開けておけば室内に入ってくる。閉じてもガラス窓にくっつきます。さらに彼らの主食は魚ですが、例えば私がサギの調査に入りますと、サギは抵抗する手段もないですから、興奮してのみ込んだ魚を吐き出すのです。糞は大したことはないのですが、あれがかかったときは、においだけでも大変です。一日酔いのときのサギの調査は、それは大変なものでした。杉林の中は、糞と魚と巣から落ちて死んだヒナのにおいとそして昼夜にわたる鳴き声などのすごい状態が六月の梅雨時の約二か月間続くわけです。蒼柴の杜も大変な状態になっていて、いよいよ移動させなければならないと思いましたし、市も本腰を入れました。

そして移動作戦は、一九八九年の春に行われました。鉄砲で撃ったりするのはだめだということで、どういうやり方がいいのかを検討しました。この頃千葉県だとか埼玉県などで「サギコロニー全滅」というような新聞記事がよく出ていたものですが、これは地域の住民が何もしてくれない市や町に業を煮やして、自分たちで巣を落としたり、ヒナを殺したりということだったのです。だから前例には、サギを守りながら解決したという例がほとんどありませんでした。悠久山の場合には、サギが入ってきた時点で移す、つまり産卵する前に移動させるという作戦を取りました。移すといったって、どこに移すのだということになります。その解決策は、信濃川の懐の深さでした。この頃、まだ信濃川の河川敷にもゴイサギのコロニーがあったので悠久山から追い払えば必ず信濃川に移るという確信が、ある程度私の頭の中にありました。なぜなら今日のように信濃川に大水が出たときには、信濃川のサギコロニーが全部流されることがあるのです。そして、そういう年は悠久山の方にサギの数が増えるのです。おそらく信濃川と悠久山の間には、サギの交流があるのでしょう。それで、ただ追い出すのではなく、信濃川に移動させるのだということで、当時は追い出し作戦とは言わず、移動作戦と言いました。

しかし、問題はまだありました。ゴイサギの移動作戦は自信がありましたが、二百五十もの巣を作っている大型のアオサギについては、どうなるか確証がなかった。信濃川はまずだめだな、と思いました。アオサギはどちらかというと、巣を高い杉の木に作るのです。だから、追ったけれども、神社の表参道前の杉林に移ったり、民家の杉林に行ったらなんにもならない。アオサギだけはどこへ行くのか確信がなかったのです。それで、アオサギは残して、ゴイサギだけを移動させようという作戦をとりました。同じ一本の木に巣を作って一緒にいるのに、ゴイサギだけ追い払って、アオサギだけ残すというのはどういうことだろうと思われるでしょうが、十七年間ずっと調査をしてきたデータがここで生きてきました。アオサギは悠久山に二月下旬に入ってきます。ゴイサギの方は三月になってから入ってきます。つまり、ゴイサギはアオサギに比べ、悠久山に来るのが約一カ月ぐらい遅いのです。巣を作るのも一カ月ぐらい遅くなります。それで、ゴイサギが入ってきた時には、アオサギはもう巣を作って卵を産んでいる。いったん卵を産んで抱き始めますと、巣に執着心が出てきて、追ってもなかなか出ていかないのでは、と思ったのです。つまり、アオサギが卵を産んで温めていて、ゴイサギがまだ巣作り前の時をねらって、ゴイサギだけを追い出すという作戦を立てました。

また、アオサギの巣は二ヘクタールぐらいある林の真ん中辺に多いのです。杉林は中央付近の木から枯れ始めていました。しかし、アオサギは枯れた木でも巣を作るのです。大型ですので、葉っぱが茂った木よりもスカスカとした方が都合がいいようで、枯れ木のてっぺんに大きな巣を作ります。したがって、林の真ん中ぐらいにアオサギの巣が多かった。ゴイサギは枯れ

悠久山サギコロニーの立ち枯れ

木は好まず枝葉が繁茂した木を好むので、まだ枯れ木の少ない林周囲の木にゴイサギの巣がたくさんあったのです。それらを踏まえ、移動作戦はゴイサギの巣作り前に実施すること、もう一つは林の周りのゴイサギを移動させるという作戦になりました。ところが焦りといいますか、アオサギだけいなくなって、ゴイサギだけが残ったらどうしようか、というような考えが頭の中にちらちらとして、ちょっとまずかったのですが、ゴイサギがちょっと来始めたくらいの早い段階の三月上旬に試しにやってみたのです。何をやったかというと、林の中に目玉風船を揚げたり、写真にも載っていますが、旗印のような吹き流しを木の上に立てたり大がかりなものでした。その結果その時に既に巣作りをしていたアオサギが当然ですが全部林を出たのです。ゴイサギはまだほとんど入ってきていません。片やアオサギが巣をそのままにして出ていって帰ってこなかったのです。失敗したと思いました。アオサギは五日間帰ってこなかったのですが、どこにいたかと思ったら、悠久山の周りの田んぼに群れでいるのです。彼らだって帰ってきたくてしょうがない。出てから五日目の朝、目玉風船などお構いなしにみんな戻ってきたのです。それを見たときに、いよいよこれから本番のゴイサギが来るが、あまり効き目がないな、という予感がしました。案の定、ゴイサギが三月中旬ぐらいに、仕掛けなどお構いなしに、どんどん飛来し始めたのです。そして、三月下旬には、ゴイサギが三千羽ぐらい入ってきました。しかし、入ってきてすぐに巣を作り始めるかというと、すぐには作らないのです。

日中は林の中にじっとして休んでいます。その様子から、目玉風船が揚がっていてもあまり効果がない、ということが分かりました。その頃にはテレビや新聞に、サギを追い出すのは何事だという記事もありましたし、社会的な問題にもなっていました。そういう中で、私は黙って一人、仕事が終わった後の夕方、コロニーの中に入って追い出しをやることにしました。なぜ夕方かというと、昼間もやってみたのですが、四千も五千もいるサギが一斉に飛び立つものですから、周りの人は一体何事だと思うし、ゴイサギは夜行性のため、私がいなくなるとまた全部林に帰ってくるのです。そこで夕方の活動し始める時間に追い出す方がいいと気がつき、五時に仕事が終わってからコロニーに行って追うようにしたのです。よく覚えていますが、四月の五日か六日だったと思います。いつものように夕方追っていたのですが、少し暗くなりかけた悠久山から百、二百の単位でゴイサギが信濃川の方に向かったのです。少し今までと様子が違うなと感じました。空が夕焼けで染まっているような時間でした。私は悠久山で追うのをやめて急いで車に乗り、信濃川へ行ってみました。暗くなっていましたが、双眼鏡で見るとゴイサギが河川敷の柳の木にバラバラと降りてくるのが見えたのです。それを見たときに成功したなと思いました。悠久山からゴイサギが全部来てくれると思いました。翌日、信濃川へ行ってみたら、数千羽と思われるゴイサギが信濃川に移っていました。ゴイサギたちは信濃川に移ってきてすぐに枝をくわえたりして、巣作りを始めるものもいました。とにかくこれから卵を産まなければならないという、時期的にも切羽詰まった状況だったのです。繁殖期のほんの一時期だけ、卵を産むちょっと前に、ゴイサギの足が赤くなります。顔のところにも赤が出てきます。卵を産んでしまうと、その色がなくなってしまうのです。足を赤くしたゴイサギが信濃川に四千羽近く移ってきて、その年は信濃川で誰に邪魔されることなく、無事に繁殖を終えました。五十年間も子育てをしてきた悠久山を離れるというのは、大変なことだったと思います。アオサギはほとんど移動することなく悠久山に残りました。市民の皆さんは、ゴイサギが悠久山から四千羽も信濃川に来て子育てをしたことなど誰も分かりませんでした。当然、その年の悠久山は静かな状況でした。ところが、いくら追っても三百羽から四百羽のゴイサギが、信濃川に来なかったのです。今思いますと、移ってくれた四千羽のゴイサギよりも、最後まで残って人間に抵抗したそちらの方を思い出します。サギからすれば、極めて身勝手な人間本意の振る舞いに、最後まで抵抗したサギがいたということでしょう。この移動作戦はいろいろな意味で、私がこの後も鳥に関係する仕事をしていく上で非常に大きな出来事でした。成功したうんぬんというよりも、私自身にいろいろなことを教えてくれた、大きな経験でした。

目玉風船や旗を使って、サギの移動作戦を開始

鈴木　サギの方も先生の粘りに負けて、何とかしてやろうかと思ったのかもしれません。今の話の教訓は、人間との共生の中で自然を大切にしていくことが求められる局面があるということ。人間がかかわるときにはきちんとしたデータ、知識があって、初めてうまくいく。無理やり殺したり、木を切るとかをしないで自然を守るには、相手の習性やそれまでの知識の集約があって、初めて共生の道がうまく開ける。もう一つは、信濃川にそれだけのものを受け入れるキャパシティーがあった、ということが成功の理由ですね。ムクドリを長岡駅前から移動させるに当たっては、先生が作られたムクドリの鳴き声のテープがあるそうで、これが全国に出回っているというお話も伺いましたけれども、相手の習性を知りながらいろいろな工夫をすることで、お互いに譲り合う、人間と自然の関係がつくれるのだと思います。そういう試みがこれから、川との関係でも求められると思っています。

私はこの信濃川自由大学に何回か来ていて、いつも思うのですけれども、現場に立っておられる方のお話は具体的で、本当におもしろいなと思います。

私は自然科学のことは言えないので、鳥と文化のかかわりだけで一言、何か触れてみるとすれば、「花鳥風月」という言葉です。これには日本の美しい文化の象徴である四つが挙げられています。これらは単に美しいというだけではなくて、四つの共通項は変化するということですよね。花は散る、月は満ち欠けするし、風は過ぎ去っていく。鳥は春来て冬去るなど、いろいろな形で訪れてはまた去っていく、そういう変化をしていくもの、その移ろいを美しいと見るのが日本の文化だと思うのです。西洋のゴシック建築のようなものではなくて、変化していく移ろい。私たちはその中に、川を入れてもいいのではないか、と。大地と海という絶対的な存在の間を変化しながらつないでいくという、川という存在もあるのではないかという気がします。かつては、変化する川を一つのものに閉じ込めようというのが河川行政でした。それが、十年前の河川法の大改正以降、あるがままの変化を受け止めようという、日本人の文化的な見方に近い行政にシフトしようとしています。そういった意味で、川の仲間である鳥は、移ろいやすい多様性を持つ環境の中で、やはり非常に多様な生活をしている。特に信濃川の場合は、広場のような、都会のような場だとして多様な使い方をされている。その鳥を観察していくことでまた、川の多様性を考える方向に導かれる。鳥は昔から物事を導いていくものの象徴としてよく語られますが、そういった形で鳥と川の関係をこれからも見詰めていけたらいいな、と感じました。

信濃川で羽を休めるカモの群れ

良寛と信濃川

～自然を愛し民衆を愛した良寛さま～

元新潟大学教育学部教授。昭和5年旧巻町（現在の新潟市）生まれ。県立高校教諭として十日町高校定時制仙田分校、長岡高校定時制越路分校、興農館高校、西川竹園高校定時制に勤務。この間新潟県庁に出向し、新潟県史編さん室長補佐。

井上慶隆

inoue ● keiryu

井上慶隆×豊口協

良寛さんの素顔に迫る

豊口　私は十三年前に長岡にやってまいりまして、信濃川のあまりにも素晴らしい美しさに感動し、それからは信濃川を心の支えとして毎日生活をしています。良寛さんもやはり一生を通じて、信濃川と共に生きてこられた方であると、身近に感じています。と申しますのも、私は十数年前まで、良寛さんという方は子どもと手まりをついていて、托鉢に回り毎日の食べ物をいろんな方からいただいていたというイメージ、そして、とにかく素人には読めない文字をたくさんお書きになっていた、という印象しか持っていなかったからです。

研究家に伺いますと、良寛さんは大変な書家であり、芸術家であり、その書の中に自分自身の感性というものを入れて一つの絵のような文字をお書きになって、その絵のような動きのある文字の中に、ご自身の感情が満ちあふれている、そういう総合的な芸術の道を歩まれた方である、と。そしてこよなく子どもを愛し、自然を愛し、日が昇れば町を歩き、夜になれば庵の中で瞑想にふけられたというお話を伺っているのですが、実は新潟に来て信濃川を見て、特に良寛さんが生まれ育った寺泊や出雲崎といった地域を回ってみると、私が今まで受けていた印象はちょっと違うのではないかという気がしたのです。実は良寛さんが育っていた頃、活躍をされていた頃には、信濃川はそんなにのんびりした川ではなく、大変な暴れ川であったことが分かってきました。ですから、子どもと一緒に手まりをついて、のんびりと夕日を眺めていたという余裕が、この環境にはなかったのではないか、という気もするのです。

また書を拝見しますと、時代時代でいろんな文字の形が表れてきていて、素人には読みにくい、分かりにくいものです。しかもその書の中に書き込まれている内容は奥深く、単純に表現されている言葉だけで解釈をしていいのかどうか、疑問を感じさせるようなものがたくさんあります。それからもう一つ、ある人に伺うと、良寛さんは、子どもと遊ぶことも非常に好きだったが、遊女と遊ぶことも非常にお好きだった。おはじきをしたりして遊女との語り合いの場をつくられることもあったと。良寛さんというのはやっぱり普通に理解しているような方ではなくて、本当に人間的に非常に興味のある方ではないかなという気がしてまいりました。良寛さんは十八歳で出家をされますが、その生まれて十八までの生涯が分からない。実家は出雲崎の豪商で、この地域では大変な力を持っていた家だそうです。しかも長男に生まれて、やがてその家を継ぐはずであった人が出家をした。その辺の解釈や理解も難しくなってくるのです。今日はその辺も含め、良寛さんの生い立ちから人生の歩みを井上先生にお伺いしたいと思っています。

井上　では最初に、良寛さまの生涯をざっとおさらいして、まとめてみます。良寛さまが生まれたのは諸説ありますが、宝暦八年（一七五八）九代将軍家重の頃です。出雲崎の名主であった橘屋に生まれました。この橘屋というのは古い名家で、新潟県史編纂の際に中世史部会の人たちによって、東北大学図書館に橘屋についての資料があることが分かりました。どういう資料かといいますと、豊臣秀吉が造った伏見城が地震で壊れるのですが、その修復をするときの資料だと思います。秀吉はブランド好きで、修復の材料として、当時、出羽の秋田地方を支配していた秋田家に命じ、秋田杉の板を運ばせた。その秋田家から橘屋が請け負って、敦賀まで材木を運んでいるという記録が、東北大学に残っていたのです。秀吉のご用材を秋田家と交渉しながら敦賀まで運ぶというのは、これは、ちょっとやそっとの商人ではないだろう、ということが考えられます。途中で失った、横流ししたなどとなったら秋田家の存亡にかかわるわけですから、橘屋はそれだけの信用のある名家・豪商だったわけです。しかし橘屋は、江戸時代の半ばになると、だんだん衰えてきた。名家としての誇りや気位はあるが衰えてきた、というふうに感じられます。その橘屋に与板の新木家から、以南が婿養子として入る。以南は俳諧の作者としてはうまいし、なかなかの教養人で、旧家の婿にわざわざ迎えられるくらいですから、しっかりした人物だったのだろうと思います。しかし、性格的に繊細すぎたようです。橘屋が隆々と栄えている時だったら、ものの分かった旦那さまとして通ったのでしょうが、衰え始めた旧家のあとを引き受けるには、強引な手腕に欠けていた。彼自身、イライラせざるを得ず、町の人たちとつまらぬことで衝突を起こすような状況だったのじゃないか。そこに、良寛が生まれるわけです。そして、十三歳の時に地蔵堂の大森子陽《おおもりしよう》の塾、三峰館に入って、六年ほど学びます。大森子陽というのはその前に江戸に出て、荻生徂徠《おぎゅうそらい》の系統の学問を学んだ。儒学の中でも幕府の御用を務めた朱子学派は、「天は天であり、地は地である。上下の秩序を守ってこそ世が治まる」というふうな堅苦しいところがあったのですが、荻生徂徠の学問はもう少し融通が利き、実証的、合理的に世の中を見ていくというところがあったようです。良寛は子陽からその傾向の学問を六年間習い、世の中に対する目もかなり鋭くなったのではないかと考えられます。当時の私塾は儒学を中心にして勉強するのですが、寺子屋と違ってその地方のエリートが学ぶ場ですから、感じからいうと、戦前の旧制高等学校に近い雰囲気がある。そしてそこで儒学の基礎的な学問を身に付けると、ある者は江戸へ出てさらに儒学を深め、ある者は医術を学ぶ、ある者は仏教あるいは神道それぞれの教義に深入りするなど、昔の塾はそういう分かれ道だったのです。そこに近在の、割に家柄が良くて、しかも才能にも恵まれているエリートが集まるわけですから、切磋琢磨が行われる。たぶん良寛は旧制高校、現在でいえば高校から大学の教養課程ぐらいの雰囲気を持った塾で、自分はどの方向に向いているのだろうかとまじめに考え始めたのじゃないか。そして、自分は庄屋・名主として地域をまとめていくことは、苦手だと自覚したと思うのです。では儒学を究めて儒者になるか、というのも煩わしくて、仏教のほうに惹かれていった。十八歳の時に一度は家に帰ったのだろうと思いますが、そこでまた父親と町の人たちとのいざこざが起きるのを見て、うんざりしてしまい家を出たのではないか。そのまま近くの光照寺という禅寺に入ったという説もありますが、ことによるとすぐには光照寺に入らず、先生であった大森子陽に相談しながら、正式の得度は受けないまま禅の修行に励むというような生活を続けたのではないかと私は考えています。そして二十二歳のとき光照寺に入り、そこへやって来た備中玉島円通寺の国仙和尚から得度を受け、玉島へ行って、十一年ほど修行をします。その後諸国を行脚したといわれていますが、やがて戻ってきて国上の五合庵に落ち着き、その周辺で生活することになった。従って、良寛が儒学を学んだのも地蔵堂ですし、帰国した後、ずっと五合庵やあるいは国上山の麓の乙子神社の草庵で清貧の生活を送っていた。最後、六十九歳で和島の木村家へ移り、そこで七十四歳の時に亡くなるのですが、全体にソロバンをはじいてみると、西蒲原で過ごしたのが人生の大半を占めるわけです。良寛は自由で、いろいろな才能も優れていたけれども、どんな人間でも環境から隔絶できるはずはありません。いや応なしに西蒲原の風土、あるいはその人たちの影響を受けただろうし、それと同時に土地の人たちにも影響を与えた。そういう点で、良寛は西蒲原と強く結ばれていたのです。この信濃川自由大学でも、良寛についてのこの会が旧西蒲原郡のこの地で催されているわけですから、良寛は現代に至るまで、西蒲原と最も関係の深い人物の一人なのじゃないか――どうも私、巻の出身なものですから、我田引水になりがちで。良寛の一生をざっとたどってみると、こんなふうになります。

豊口　現代風に翻訳をしますと、家がいやになって家出をしたと解釈していいのだろうと思いますね。家を出て自由に生活しよう、自分なりに勉強をしようと儒学を習ったり、仏の、僧としての道を歩もうとしてきた。しかし、残念なことに自分の実家が橘家という大変な名家で、そのつながりは切るわけにはいかない。実家の力がこの地方に、歴史的に根を張っていたために困ることもあるけれども、どこへ行っても人々は受け入れてくれた。そのことで、少しは甘えの気持ちもあったのかもしれませんが、食べる苦労はあっても、周りの人から食べ物はもらうことができた。その中で自分の友達との付き合いもあり、この地域社会の中で自分の持てる力を使いながら生活してきたのだと、そんな感じがするのです。ここに大正十四年に相馬御風さんがお書きになった『一茶と良寛と芭蕉』という本があります。私の母が大学時代に読んだものです。これを開いて読んでみると、相馬御風という人は、ある面で、良寛さんを辛らつに批判しているところがあります。そこには良寛さんの、非常に複雑な人格が紹介されています。それを読んで私がはっと気がついたのは、良寛という人は、書道の世界で一つのコミュニケーション・ネットワークをつくり、人が読めない文字を通して人と人とをつなぎ留めていったという、かなりの戦略家だったのではないか、ということです。いろんな方が相談に来ると、一緒に一杯飲みながら話をして、「じゃあ、君を紹介するから、この手紙をどこそこへ持っていきなさいよ」「ありがとうございます」というふうに、ずいぶん紹介状を書いているのです。御風さんは乞食の紹介などと辛らつな書き方もしていますが、良寛さんは困った人を自分の知っている知人のところへたくさん紹介しました。ところが、その手紙が分からない。それを読もうと思っても、よく分からないのです。分からないけど、分かったような顔をして「いや〜、よく来ましたね」と言って、紹介された方はその書をもらって納得をして、来た人間を優遇する。そんなふうにして良寛さんは、ある地域社会をうまくコントロールしていたのではないかなという気がするのです。なぜこんなことを申し上げるかというと、実は堺の豪商に生まれた千利休という人が、茶道という一つの道をつくり上げ、戦国武士たちをコントロールしたのです。武士たちはそういう美の世界が分かりませんから、千利休に言われると「う〜ん、なるほど」と思って刀まではずして、茶室の中に入って話を聞く。もう裸状態ですが、そこでいろんな話をして、美の世界を問われる。そういうふうにして千利休はさまざまな武将を操りながら、時代を引っ張っていって、大変な利益を堺の商人の中へ落とし込んでいく。地域社会のコミュニケーションを、茶道というもので図ったのです。一方、良寛さんは書道という世界で、そういうコミュニケーションの世界をつくり上げ、当時の社会をコントロールしてきたのではないか、という面が見えてくる。やはりその時代の中心になって、ほかの人には分からない書道という世界をうまく使い、一つの社会システムをつくってきたのだと思います。良寛さんが子どもと手まりをついていたのは、一種のカモフラージュだと思います。本当は、遊女とおはじきをして遊んでいた。これについては弟さんから、手紙で文句を言われているんですね、「やめてくれよ」と。そして、良寛さんは、弟に手紙で返事を書いているのですが、それが普通の人には読めない。持っていった人間は読めませんが、弟さんにはその気持ちは伝わる。そんなふうに良寛さんは、書を通してのコミュニケーションシステムをうまく活用していたなという感じがします。井上先生からもお話があると思いますが、良寛さんの隠された一面には、大変な戦略家の才能があったのではないか。それが信濃川の治水工事に結びついて、やがて大河津分水というものを造り上げるきっかけをつくっていったのではないか——。これは要するに、地元で生まれ育ち、人々に世話になった。そして生まれ育った家の家柄や血筋を引いて、やはりこの地域に自分の力でできる何かを残していかなきゃいけないだろうという、大変な自覚に燃えていた方じゃないかな、という気がするのです。徳川のお役人を相手にいろいろやっているわけですから、お役人にもばれないような難しい文字を通してコミュニケーションのネットワークをつくるということを、考えてきたのではないでしょうか。

良寛の愛したふるさと　越後と信濃川

井上　これはもう、自由も極まれり、というふうなおもしろいお話ですね。ところでさっき、良寛は地域から大きな影響を受けたに違いないということを言いましたが、じゃあその地域、当時のこの辺の自然状況はどうだったかを、見ていきたいと思います。それから、念のため申しますと良寛は信濃川という呼称を一度も使っておりません。ただ、信濃川といや応なしに向き合うような、しょっちゅうこれを利用したり、困ったり、という生活を続けていたことは間違いありません。その際、その信濃川は現在の信濃川の本流に限らないということを前提にして、話を進めていきたいと思います。まず、当時の人たちが越後をどういうふうに規定していたか、見ていたか、ということで手がかりになるのは、天保年間に魚沼郡の塩沢、現在の南魚沼市塩沢の鈴木牧之《すずきぼくし》が著した『北越雪譜』です。この『北越雪譜』で牧之が越後をどういうふうに見ていたかですが、『北越雪譜』の中で、「およそ日本国中において第一雪の深き国は越後なり」と言っている。つまり牧之が越後を規定するとき、日本中で最も雪の深い国は越後である、という認識がありました。そしてその雪の状況を具体的に記すために『北越雪譜』を書いたのです。昭和になって、この『北越雪譜』に触発された作家がおります。言うまでもなく、川端康成です。『北越雪譜』を読み、触発されて、『雪国』を書きます。『雪国』の中に『北越雪譜』とか鈴木牧之とかいう固有名詞は一度も出てきませんが、『北越雪譜』の文章がほぼそのまま、十か所ほどでしょうか、引用されています。ただし、鈴木牧之だとか『北越雪譜』というと堅苦しくなるものですから、「昔の人も本に書いている」などとぼかしています。そこを照合してみると、紛れもなく『北越雪譜』なんですね。ほとんど自分の文章のようにすっと溶け込ませている。そういう点で、川端康成はすごい作家だなと、読んでいて感心したのですが、その川端康成が『雪国』として結実させるような越後についての認識――「第一雪の深き国は越後なり」、これが魚沼郡の鈴木牧之の見方です。と

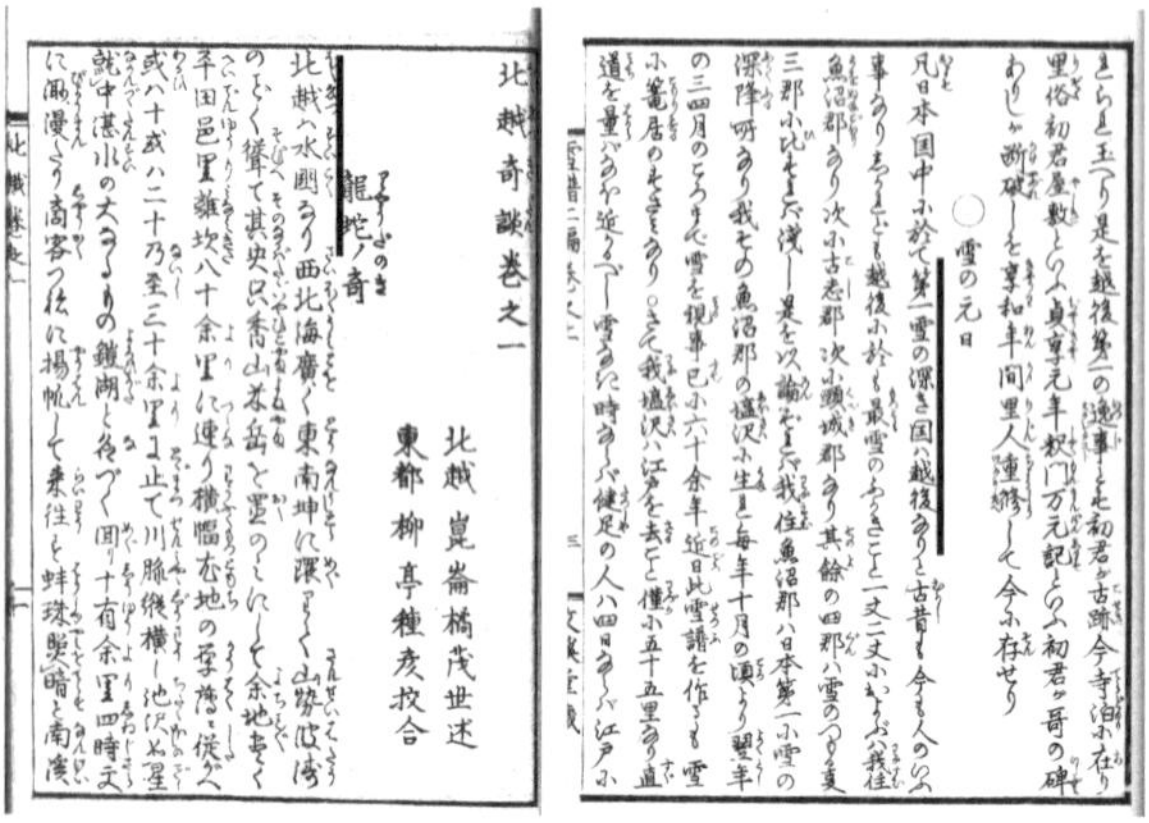

「北越奇談」「北越雪譜」

ころが越後は広いわけですから、それだけではない。それよりちょっと早く三条に住んでいた橘《たちばな》崑崙《こんろん》が『北越奇談』という本を著しました。その『北越奇談』の巻一の冒頭で、崑崙は「北越は水国なり」と言っています。水国、水の国ですね。つまり魚沼の鈴木牧之から見れば越後というのは雪国なのですが、三条の橘崑崙から見れば、同じ越後は水国に見えるわけです。はしなくも数年前に三条は水害にやられ、今年塩沢は雪害にやられました。そういう点で、気候の本質は、江戸時代と変わっていないと思います。では、崑崙の言う水国というのは具体的にどうだったか、昔の地図を見ると分かります。江戸時代の初め頃、十七世紀に書かれた越後の地図に「正保の国絵図」というのがあり、原本は新発田図書館に所蔵されています。縦五メートル二センチ、横十メートル三センチという大きい地図で、その頃知られている村はすべて名前が出ており

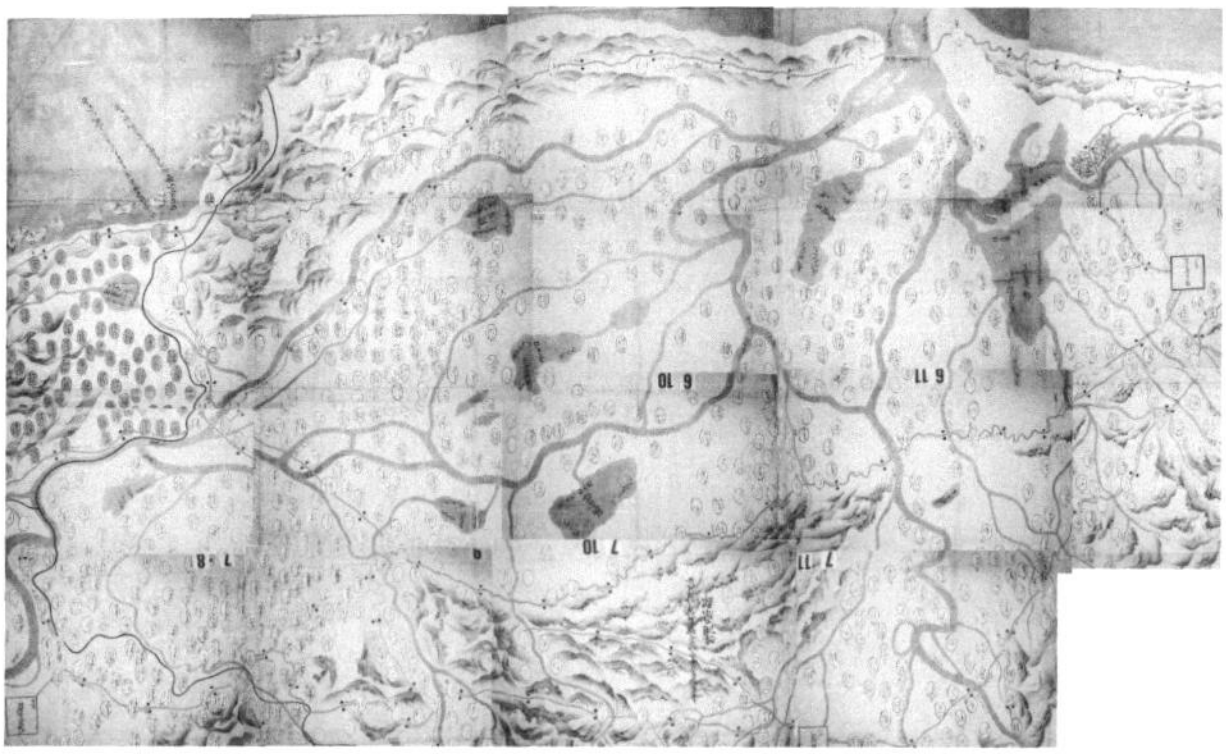

正保越後国絵図（新発田市立図書館所蔵）

ます。長岡の県立歴史博物館では、江戸時代に入る最初のところに、この地図を二分の一ほどに縮小し掲げています。なぜこの地図を掲げたかというと、展示について議論になったとき、せっかく歴史博物館へ行って俺の住んでいるところが一か所も出てこないというのでは、見学者もさびしい。この地図にはほとんどすべての村が出ていますから、「ああ、オラがところがある」ということで、見る人は安心もし、満足してくれる。だから飾ろうじゃないか、というようなことで掲げたのです。その国絵図の信濃川下流の部分を見ますと、信濃川は魚沼の方から流れてきて長岡を通り過ぎ、大河津のところでふた筋に分かれる。川の名前は一方に「信濃東川」、もう一方に、「信濃西川」と書いてある。今の西川は西川でなく、信濃西川なのです。そして、地蔵堂と砂子塚の間のところに川幅が書いてあり、四十八間、つまり約九十㍍です。今、吉田や地蔵堂を流れている西川は、走り幅跳びの選手なら跳べそうですけれども、昔の信濃西川は入り口の所で九十㍍近い川幅です。吉田や粟生津あたりに行ってご覧になれば分かると思いますが、向こうの土手とこっちの土手と、だいぶ離れていますね。やっぱり、七、八十㍍から九十㍍はあるのでないですか。これがおそらく、もともとの信濃西川の川幅だと思います。

そして、その後に大河津分水だとか三潟水抜きだとかいろんなことがあって、だんだん狭くなったために、現在のかわいらしい西川になってしまった。その信濃川の本流信濃東川と信濃西川が黒埼の所でまた一緒になるわけですが、その中間を中ノ口川が流れている。さらにこの間に、鎧潟に注ぐ大通川も見える。鎧潟が描かれた北の方は、村がずっとすきすきになっています。これは、ここに田潟や大潟という大きな潟があって、渇水期にはただの葦原になるのでしょう、そして、梅雨時には潟になる。地図を作ったときには、水が溜まっていなかったから書かなかったのだと思いますが、この辺は一面の水郷だったはずなのです。鎧潟だけは最後まで残るので、はっきり書いてあります。そのほかに、支流島崎川の近くには円上寺潟が、下流のほうには鳥屋野潟がある。西蒲原の東端を中ノ口川が流れているわけですが、その東側は白根島といわれ、ここにも幾つか潟が連なっている。文字通りの水国が、越後の西蒲原から中蒲原にかけての地域に広がっていたのだと思います。では、どのような水国だったのかというと、巻の町史にこういう資料が載っています。享保十八年といいますから八代将軍吉宗の頃ですが、佐渡山、吉田町だったのが合併で燕市になりました、その佐渡山のお蔵に集めた年貢米を江戸に運ぶため、新潟に降ろすことになった。それで、船団を組み川を下った。たぶん、大通川から下ったんだと思います。ところが国道一一六号でいうと内野に入る手前、右側の方二キロぐらいですか、笠木という集落まで来たときに、突風が起きて十隻遭難した。船頭が一人、溺れ死んだというのです。年貢米ですから、失ったら大変だとみんな必死になったけれども、とうとう百俵ぐらいは、濡れて役に立たず捨ててしまった。今、国道一一六号を走っても、ここで船団が遭難して十隻沈んだとは到底考えられませんが、江戸時代中頃ぐらいまでは、これ

寛政甲子夏
凄々芒種後　六月五日を過ぎてから天候が荒れ出して
玄雲欝不披　黒い雲がひくくたれて晴れまもなかった。
疾雷振竟夜　雷が夜どおしとどろいて、
暴風終日吹　暴風が日がな吹きまくった。
洪潦襄階除　大水がでて家の上まで浸かり、
豊注湮田菑　大雨は田畑をうめてさかいめも見えない。
里無童謡声　村の子らの姿もなく、音もせず、
終無車馬帰　旅へでた馬も車ももどってこない。
江流何滔々　川水はとうとうと流れ、
回首失臨沂　岸のさかいはどこにもなく、
凡民無小大　百姓らは子供も大人も、
作役日以疲　毎日の仕事で疲れはてている。
畛界知焉在　田畑はいったいどこなのか。
堤塘竟難支　堤防も破れている。
小婦投杼走　婦女子も機織りどころではなく、
老農倚鋤欷　農夫たちは鋤を手にしてなげき泣くばかりだ。
何弊帛不備　村のお宮には供物をささげ、
何神祇不祈　神という神には祈りつくしていたはずなのに。
昊天沓難問　天はそれにこたえてくれない。
造物聊可疑　この世に神があるなど疑いたいほどだ。
孰能乗四載　だれが、いったい、
今此民有依　この農民のふかい欷きを治めてくれるのだろうか。
側聴里人話　外へでたついでに里人の話をきくともなくきいていると、
今年黍稷滋　ことしの作物の出来がよくて、
人工倍居常　いつもの倍ほど働いた。
寒温得其時　気温もよく、
深耕兮疾耘　ふかく土を耕し、雑草をぬいて、朝夕世話をつづけたのだ。
晨往夕顧之　それなのに、にわかなこの暴風雨は何と、
一朝払地耗　根こそぎ作物を流出し去った。
如何之無罹　これを欷かないでおられようか。

寛政甲子夏

がこの辺の状況だったのです。ごく一部には昭和三十年代まで、わずかですがそれに似た風景が残っていましたけれども、今は全く見られなくなってしまった。だから、今のちっぽけな西川や、あるいは広々した蒲原の平野を頭に良寛の生活を思い描いたら、大変な誤解につながると思います。そういう水国なものですから、みんな苦労する。苦労の姿は、良寛の詩にもいくつか出てきております。たとえば、「寛政甲子《かっし》夏」という詩。甲子という干支は寛政にないので、どこかに書き間違いがあるだろうといわれている詩ですが、訳してみます。ある年、作物の出来も良く、みんなよく働いた。気候も良かった。一生懸命に耕したり草取りをしたり、朝から晩までみんな稼いだ。

良くいったと思ったら、「一朝地を払いてむなし」、大水が出て、すべてむなしくなった。「これをいかんぞ罹《うれ》いなからん」、もうどうしたらいいのか、訳が分からないくらい大水で荒れ果ててしまった、という内容の詩です。こういうのが、良寛が五合庵に落ち着き始めた頃の西蒲原あたりの風景だったと思います。もっともこの詩は、そもそも信濃川をうたったのか、西川をうたったのか、あるいは行脚の途中のよその国の洪水を見たのか、それがはっきりしないのですが、何か、信濃川か西川の風景を思い浮かべて十分に理解できる内容だと思うのです。こういう大水のときは非常に困る。では、水の無いときはどうか。それも逆にまた困るわけです。こういう歌があります。「村《むら》肝《ぎも》の　心をやらむ方もなし　いづこの里も　水の騒ぎに」。村肝というのは、心にかかる枕詞。心配を晴らすようなそんな手立てがない。どこへ行っても、みんな水の騒ぎ、水争いで大変になっている。良寛も、ため息をつくほかはどうしようもない。こんな歌で自らを慰めるほかにしょうがないのです。水はあればあったで困る、無ければ無いで困る。ありすぎる水という

村肝《むらぎも》の
心《こころ》をやらむ
方もなし
いづこの里も
水の騒《さや》ぎに

のは、つまり、用水路、排水路が未整備なわけですから、渇水にそのままつながるわけです。こういうのが、西蒲原周辺の状況だった。そして、それをどう解決したらいいのかという問題になるのですが、この辺は政治的に解決の手段がうまくいかない場所だったのです。なぜかというと例えば長岡の周辺は長岡藩の領地で、新発田市あたりは主として新発田藩の領地、村上の周辺は村上藩の領地です。ところがどの城下からも遠い西蒲原あたりは、大名を動かすときの調整の土地といいますか、そういう役割を果たさせられていたわけです。村上に来る大名には十五万石の大名もいれば、五万石の大名もいる。五万石の大名の後に、十五万石の大名がやって来たとすると十万石分の領地をどこでつけるか。すぐ近く、北蒲原から取ろうとすれば、新発田藩が黙っていない。西蒲原あたり、どこからも文句の出ないところが、ちょうど調整の土地になるわけです。ですから、西蒲原は政治的に最も無視され、いじめられた場所。考えてみてください、ここ燕は長く村上藩の所領だったわけですね。地蔵堂のあたりもそうです。ところが、同じ市内でも小池や道金のあたりは高田藩の領地になって、高田藩主の松平氏が奥州白河へ移ると、松平定信のあの白河藩ですね、白河藩領になって、それがさらに伊勢の桑名へ移ると、桑名藩領になる。それから、吉田なんかは、あそこの今井さんが長岡藩の御用達だったということは有名で、長岡藩領ですね。目と鼻の先がみんなばらばらの領地。そのほかに幕府の領地が交じっていたり、与板藩の領地が入ったり、新潟に近い方には確か新発田藩の領地も一部食い込んでいたと思いますが、モザイク状にめちゃくちゃになっているわけです。従って、そんな所にやって来る役人はそれこそ事なかれ主義で、任期の間だけ一揆も起きないでやれれば、〝ちょうじょうちょうじょう〟というような政治しかしない。本気になって水を退治してやろうなんていう気持ちはさらさらないわけです。ですから、村と村とがなかなかうまく協力することができない。川一本向こうは、他の大名の領地。洪水のとき土手のあっちが切れれば、万歳ですよ。こっちへ水は来ないわけですから。そういう隣同士で、西蒲原はみんな村ごとに仲が悪かった。それを、明治以後もずっと引き継いで。今はなくなったんでしょうか、有名な〝西蒲選挙〟というのがありましたが、あの足の引っぱり合いには歴史的な原因があるのです。新発田や長岡の周辺だったら、同じ殿様の領地として統一的に支配されるのに、西蒲原はもうめちゃくちゃなんです。そういう点では、非常に不幸だった。だから、さっきも言った「村肝の　心をやらむ方もなし　いづこの里も　水の騒ぎに」。藩の家老が出てきて、「しずまれしずまれ、俺が仲裁してやる」ということが西蒲原にはないのです。

それで分かってきました。そこで誰か中心になって、苦労している農民の人たちの心の支えとなり、相談を受ける人がどうしても必要になってきた。良寛さんはそういう人たちのレベルまで視点を落として、苦労している農民たちの目の高さでこの地域を見ていた。そういう視点でものを見ながら、そういう人たちの相談に乗って、いろんなアドバイスをしておられたのではないかな、という気がするのです。地域の中に、良寛さんに対する尊敬の念が育ってきたし、良寛さんを中心にして、争い事が起こらないように、とにかく話し合いがうまく済むようにと配慮した。困った人が来たら、この男を泊めてやってくれという案内状を良寛さんはずいぶんたくさん書いておられるそうですが良寛さんの案内状・紹介状が来れば、必ず人を家に泊めて、ちゃんと接遇をしたということがあるようです。今、井上先生のお話を伺っていますと、このあたりは行政的には放っておかれた地域だった。それに対してさらに、水禍というものがしょっちゅう襲ってきて、生活そのものが大きく揺れ動いていた。それが当時の姿だったのではないか、という気がします。

井上 そういう具合で、政治的にはまとまりにくい所でしたが、西蒲原の人たちは決してあきらめたわけではない。お殿様が頼りにならないとなれば、自分たちで、といっても、みんなが集まるわけにもいきませんから、庄屋を中心にして集まっていくということになるわけです。その一つの試みが、「正保の越後国絵図」にも出ていた円上寺潟の干拓ですね。円上寺潟は島崎川の水が、現在の寺泊の駅の少し西側といったらいいか、北側といったらいいか、そのあたりに、よどんでできた大きな潟です。島崎川はさらにずっと流れて、吉田の粟生津の近くで西川に合流して、それがさらに、黒埼のところで信濃川に合流して新潟の港から日本海に出る。ということになれば、水位が低いということはもう分かりますね。いつもこの周辺は水がダブダブして困るわけです。何とかしてこれを取り除きたい。ということで、この辺の庄屋たちがまとまって、須走の所の山をぶち割って、寺泊の野積に当時の言葉でマブといっていたトンネルを掘って、水を直接日本海に落とそうという計画を立てたわけです。といって、これだけの工事を自分たちの一存で、藩の許可も得ないでやるわけにいきませんから、問題は山積です。まず付近の村々がまとまらなかったら、話にならない。俺は反対だ、なんていう村があったら、だめです。町村合併と同じことです。それから、この水の出口の野積のあたりには、塩田、塩浜がありました。そこへ汚れた水が出ていったら、塩浜は全滅します。ところが野積は松平氏の白河藩領なのです。他の殿様の領地ですから、うかつに手をつけられない。そこで、野積の村役人と相談しまして、塩浜がだめになったらその分は我々が保証する、金、または毎年米をやって、保証するという約束を取り付けました。そして、村上の殿様に、自分たちも精いっぱいやりますが、お殿様もこの円上寺潟の干拓が成功し、新田が生まれれば、将来年貢が増えるのですからぜひ協力していただきたい、と働きかけた。村上藩主内藤信敦は、白河藩主松平定信に手紙をやって、百姓がそう言っているからよろしく協力してほしい、と話をつけます。こうしてマブ、つまりトンネルが完成して、この辺にはかなりの新田が生まれます。その新田が生まれるときの中心になったまとめ役は、村上藩の三条役所配下の地蔵堂組の大庄屋であった富取家で、真木山の良寛の学友、原田《はらだ》鵲斎《じゃくさい》の兄、原田要右衛門が行動隊長といいますか、第一線に立って、牧ケ花村の解良叔問《けらしゅくもん》、あるいは渡部村の阿部定珍《あべさだよし》、こういう庄屋たちがみんな協力して、この事業を成し遂げます。彼らは、大変な苦労をしているわけです。みんな村々をまとめなければならないし、集まった人夫の食料をどうするか。素人だけでトンネルを掘れるはずがないわけで、プロを連れてこないとだめだ。ではどこから連れてくるか、またその金の支払いをどうするか。しかも交渉は村上藩の役人だけでなくて、白河藩の役人も相手にしなければならない。もう大変な苦労をしているはずなのです。阿部定珍や解良叔問が良寛と親しくしているのは、ちょうどその頃です。ですから、阿部家や解良家に、さきほど豊口先生もおっしゃった、良寛の詩や歌や書簡がいっぱいありますが、あれは隠居の暇に訳の分からんものを見て楽しむとかいうふうなのじゃなくて、彼らはもっと切実に良寛さまと接していた。もちろん、良寛に「この図面を見てくれ」と言ったって分かるはずはないのだけれども、「全く困りましたわ」くらいの相談事は始終していたと思います。良寛はそういう意味で、地元と密着していたと思います。一時、作家の水上勉が『蓑笠《さりゅう》の人《ひと》』という小説を出して、良寛はみんなが苦労しているときに何もせず働きもしないでちゃんと暮らしていた、あれはけしからんなどと批判した。後に彼はその見方を改めるわけですが、そういう見方は、現在も良寛に対してあちこちにあると思います。しかし、おそらく解良叔問や阿部定珍たちはもっと切実に、なんと言ったらいいでしょうか、相談役あるいは苦情の捨て場所みたいな形で、良寛さまに親しんでいた

円上湖《ゑじやうこ》とて　大《おほ》いなる潟《かた》なんありける　思へば　二十歳《はたとせ》余《あまり》りにもなりぬらむ　片方《かたへ》の山《やま》を穿《うが》ちて　その水《みづ》を　須走《すばしり》てふ浦《うら》に落《お》としたりけり　さてこの所《ところ》に　幾千《いくち》まちの　稲《いね》を植《う》ゑたりければ　この秋《あき》は　八束穂《やつかほ》垂《た》りてこころよし　青《あを》人草《ひとぐさ》　手《て》を打《う》ちて歌《うた》ひ舞《ま》う　やつがれかくなむ

秋《あき》の田《た》の
穂《ほ》に出《で》て今《いま》ぞ
知《し》られける
片方《かたへ》に余《あま》る
君《きみ》がみふえを

のじゃないか。やがて円上寺潟は、完成しました。良寛にことば書きの付いた歌があります。

「円上湖とて　大いなる潟なんありける　思へば　二十歳余りにもなりぬらむ　片方の山を穿《うが》ちて」、トンネルを掘ったということですね。「その水を　須走てふ浦に」、須走は寺泊と野積の間のところ、今コロニー白岩の里があるあの辺でしょう。「落としたりけり　さてこの所に　幾千まちの」たくさんの、広いということですね。「稲を植えたりければ　この秋は　八束穂《やつかほ》垂りて」、穂がふさふさと垂れて、「こころよし　青人草　手を打ちて歌ひ舞う　やつがれかくなむ」、自分もこのように思いますと気持ちをまとめて、「秋の田の　穂にでて今ぞ　知られける　かたへに余る　君がみふえを」、君というのは殿様。殿様の協力もあって、あれだけの荒れ地だった、水で困ったこの辺に稲の穂が出ている。

ああよかった、よかった、と。良寛はこういう点で、まさしく住民と共感していたと思います。

豊口　私はどうしてもこだわってしまうのですが、良寛さんは土地の豪族たちとうまく協力して、困っている人々を助けながら将来の地域づくりを手がけてきた。良寛さんが食べるものに困ったという話は、聞いたことがないのです。そういう知恵を出すことによって、人々から尊敬されかつ支えられてきた。生活をしながら、更に新しい知恵者としての立場を築いていったのだろうという気がします。大河津分水ができるまでは、この辺の地域というのはしょっちゅう洪水に見舞われていた。実はそれ以前に、その土地に住んでいる人たちの努力の結集が新しい土地を生み出し、新しい糧を生み出し、そして将来の夢をうまく育ててきていたということがよく分かりました。これが一つのきっかけになったと思うのですけれども、やがて将来、日本の政府を動かして、本格的な信濃川の治水工事というものが動き始める。そのきっかけをつくったのが、実は良寛さんであった、ということがここで立証されたように感じますが、いかがでしょうか。

井上　なかなかそこまでは断言できませんけれども、感じとしてはその方向……というよりもさっきの寛政甲子の夏の詩ですと、「もうどうしようもない」、村肝の心の歌でも「どうしようもない」と嘆くより仕方のない時代がずっと続いてきたわけです。ところが、やればできるという展望が開き始めた。良寛は、その接点の時代に生きていた。偶然そうだったのか。多少とも能動的に良寛がそれについて百姓たちを、名主たちを励ますような何かがあったか。その辺はなかなか実証的にどうこう言えないと思いますが、良寛は良寛なりにいい時代、絶望だけではない、少し上向いた、そういう時代に位置していた、という点では、今から見て、彼は彼なりに幸せだったのかなという気がしないでもないですね。

豊口　その時代というのは、国上山の時代……。

井上　そうです。そして、円上寺潟干拓に続いてもっと大きな事業が進められた。西蒲の中央部に鎧潟、田潟、大潟と三つの潟が連なって、さっきこのあたりで船団が遭難したと言ったのですが、円上寺潟よりもっと大きな工事として、ここの水を、西川の底を樋で抜いて立体交差させ、日本海へ直接放流するということが行われた。今は、新川として残っています。新潟大学のちょっと西側、内野駅のちょっと手前のところの新川です。あの三潟の水抜きを、今度は西蒲原の下流の百姓たちや庄屋たちが大変な犠牲を払って成し遂げるわけです。ここは村上藩領と長岡藩領が多かったのですが、それらの庄屋たちが中心になって、成し遂げていく。そういう点で、さらに時代は進むわけですし、一部には既に後の大河津分水、大河津の所から寺泊の所までの現在の大河津分水と同じコースを開削する計画が、計画だけでしたけれども、江戸時代に既に民間から始まっているという記録もあります。そういう前向きさでは、我々の先祖たちは単なるあきらめと忍従の生活を続けていたのではない。政治的には非常に不幸な状況の中に置かれていたわけなのですが、それなりに努力した。円上寺潟を干拓し、さらに三潟の水を日本海へ直接放流した。これは西蒲原の百姓の大変な力だったと思います。現代の我々も西蒲選挙などくだらんことをやめてみんなまとまれば、日本中がうなるくらいの大きい仕事をいくらでもできると思うのですが。なかなかそうもいかないみたいですね。

水害・干害で良寛を悲しませた信濃川ですけれども、静かなときは、非常になごやかな川でもあるわけです。良寛に、こういう詩があります。「大江茫々として　春すでに尽き　楊花飄々として衲衣に点ず　一声の漁歌　杳靄《ようあい》の裡《うち》　無限の愁腸　誰が為にか移さん」。「大江」は西川でしょうか、中ノ口川でしょうか、あるいは信濃の本流でしょうか。洋々として流れている。「楊花」、柳の花はひょうひょうとして、「衲衣」というのは僧侶の衣ですね、自分の衣に付く。「一声の漁歌」、舟歌が聞こえる。「杳靄の裡」、もやの中。春の終わりなのでしょう。「無限の愁腸　誰が為にか移さん」、春の終わり頃の愁い、春愁なんていいますね。そういう情感を楽しむこともありましたし、あるいは川伝いに人を

大江茫茫春已尽
楊花飄飄点衲衣
一声漁歌杳靄裡
無限愁腸為誰移

大江《たいこう》茫々《ぼうぼう》として　春《はる》已《すで》に尽《つ》き
楊花《ようか》飄々《ひょうひょう》として衲衣《のうえ》に点《てん》ず
一声《いっせい》の漁歌《ぎょか》　杳靄《ようあい》の裡《うち》
無限《むげん》の愁腸《しゅうちょう》　誰《た》が為《ため》にか移《うつ》さん

看花到田面庵
桃花如霞夾岸発
春江若藍接天流
行看桃花随流去
故人家在水東頭

花《はな》を看《み》て田面庵《たのもあん》に到《いた》る
桃花《とうか》霞《かすみ》の如《ごと》く　岸《きし》を夾《はさ》んで発《ひら》き
春江藍《しゅんこうあい》の若《ごと》く　天《てん》に接《せっ》して流《なが》る
行《ゆ》く桃花を看《み》　流《なが》れに随《したが》って去《ゆ》けば
故人《こじん》の家《いえ》は　水《みず》の東頭《とうとう》に在《あ》り

訪ねることもありました。「花をみて田面庵に到る」、田面庵というのも今は新潟市になりましたが、白根の新飯田に良寛の先輩格の有願《うがん》という坊さんがいました。彼の田面庵を訪ねたときの詩ですね。「桃花霞の如く　岸を夾《はさ》んでひらき　春江藍のごとく　天に接して流る　ゆくゆく桃花をみ　流れに随ってゆけば　故人の家は　水の東頭に在り」、この故人というのは、亡くなった人という意味ではなく、親しい人という意味です。「桃花霞の如く」、今も新飯田あたりは桃の産地です。私の教え子で、あの辺で桃をつくっているのもいます。桃の花が霞のように岸をはさんで咲き、「東頭」、なるほど、新飯田ですから中ノ口川の東の岸です。親しい有願のうちが水の東の方にある。こういうふうに、唐の詩人の作った詩みたいな雰囲気に身をまかせ、悠々と流れに従って、桃の花をめでながら先輩を訪ねるというふうなときもあった。そういう点では、信濃川は苦しい川ではあったけれども、この流域の水はまた、穏やかなときは非常に親しみを与えてくれたと思います。

歴史の中の良寛

豊口　信濃川の厳しい状況と、良寛さんの関係というのはよく分かってまいりました。もう一つは、信濃川が穏やかに流れていた時代、自然環境との中で、良寛さんがこういう詩を詠みながら生活をしていたということも、よく分かってまいりました。ですから、信濃川というのは単純に暴れ川であったわけではなくて、神の恵みというものを均等に人々に分かち与えてくれていたということが、良寛さんを通してよく理解できます。そういう世界を、これほどきれいな詩で、後世に残してくれた、これもまた素晴らしいことだと思うのです。良寛さんが生活をしていた時代というのは、新しい時代を迎えるためのいろんな布石が行われていた、ということが見えてきました。私が一番、今、気になっているのが、子どもと手まりで遊んでいる良寛さんの姿です。良寛さんは単に子どもと手まりをつくという生活だけではなくて、あらゆる人々との触れ合いを大切にしていたのだろうと思うのです。ただ、歴史的に、遊女とおはじきをしていたとは書けませんから、子どもと手まりをしていたのだというふうな言葉に置き換えてあるのだろうと思うのですが、村の人や役人に対して良寛さんはどういう生活・触れ合いをしていたのか、もう少しお話ししていただけますか。

井上　考え始めると難しくなる質問なのですが、渡部の庄屋の阿部定珍や牧ケ花村の庄屋の解良叔問など、いわゆる良寛の外護者、生活を支えてくれる人たちが庄屋層に大勢いて、みんな暇を持て余した隠居ではなかった。新田開発の第一線のリーダーだったわけです。考えてみると、良寛の芸術、書だとか詩や歌は、そういう第一線の連中との絡みの中で生まれた。あるいは忙しい連中だからこそ、良寛さんの歌を好んだのではないかなという気がしないでもありません。ふっと思い出すのですが、新潟駅前の北陸ビルに敦井美術館がありますね。北陸ガスの創業者である敦井栄吉が集めた、いい陶磁器が展示してあります。長岡の今朝白町の駒形十吉記念美術館にもいい作品が飾ってあります。実に静かに鑑賞することができるありがたい美術館ですが、あれは昔の大光相互銀行の創立者である駒形十吉の収集品を中心にしている。それでは敦井栄吉や駒形十吉は、暇だったから収集したのか。違うようですね。みんなそれぞれの事業の創業者であり、大変に忙しかった。活気に満ちた人間だったわけです。だからこそ、美術品を集めた。しかも金持ちになって、金にあかせて集めたのではないそうです。若いときから、美術学校の学生かなにか、将来性のありそうな青年に目をつけて小遣いをやったりして、少しずつ集めていった。後になるとそれがみな偉くなったものですから、すごいことになったのだという話を聞いたことがあります。彼らは暇だから美術を愛したのじゃない。おそらく、忙しくて、しかも彼らには評判のよくない一面もありましたから、キッタハッタをやっていたと思います。キッタハッタの人生だからこそ、逆に陶磁器や絵画などに心を惹かれて、それなりの審美眼をいつの間にか養っていた。ちょうど解良家や阿部家や原田家には、そういうところがあるのじゃないか。おそらく、忙しく駆け回り、村上藩の役人に、何をやっているのだと叱られることもあったでしょう。口答えはできません。まして、交渉相手の白河藩の役人からどなられれば、もっと小さい村上藩の役人にこぼすことさえできないわけです。相手は松平定信の藩ですから。必死に歯を食いしばる場面はたくさんあったと思うのです。だから逆に、良寛さまの書は、彼らがどこまで分かったか分かりませんが、あの飄々とした書を、ことによると我々が見るのと違った目で、身にしみて見ていたのではないか。だから大切に伝えたのではないか。そういう気がするのですね。そして、彼ら庄屋がリーダーであったといっても、実際に工事をしたのは村々の百姓です。西蒲原は、あるいは白根島は中蒲原になるわけですが、この辺は江戸時代に非常に人口が増えています。あれだけ荒涼とした水害の地帯ですから、江戸時代が始まった頃、村も少なかったし人口もまばらでした。そこへ、あちこちから人がやって来て、開拓していった。そのとき、周辺の村からも来たでしょうが、まとまって北信濃や北陸からも来ました。だから、この辺には先祖が北陸から来たとか、信濃から来たという家がたくさんありますね。味方の笹川邸の笹川さん、信州の笹川村から来たので笹川といっているわけでしょう。そのほか、平出・長沼・笠原など、北信濃の村の名をとった苗字がこのあたりには多いです。そういう具合に、北信濃や北陸から大勢来ている。浄土真宗の寺と一緒に移ってきたというケースが多かったので、この辺には、信州から来た寺、北陸から来た寺がたくさんあって、そういう寺に聞いてみると、信濃以来の檀家だとか、能登から付いてきた檀家だとかが必ずあります。このように方々から来て開拓していったのですが、その苦しい環境の中で必死になって仕事をやりますと、逆に信仰が固まってきて、浄土真宗の盛んな地域になったのです。新潟県の旧郡ごとで調べますと、西蒲原が越後の中で中頸城を抜いて、寺全体の中で占める浄土真宗の寺院の率が七十五パーセントぐらいで一番多い。それで、浄土真宗の教義の影響だといわれているのですが、〝間引き〟をしないのです。江戸時代の人口は享保時代から慶応年間までほぼ三千万で終始します。経済はどんどん発展しているのに、なぜ人口が増えないか。それは〝おろし〟と〝間引き〟をやっていたからです。おろしというのは今と同じ妊娠中絶です。間引きというのは、生まれた直後に吉野紙をぬらして鼻に当てて窒息死させるとか、そういう形で間引くことです。男の子は家を継がせないとだめだから、割によく残して、女の子を主に間引いたといわれております。しかし浄土真宗の強い北陸地方では間引きが少なく、特に西蒲原は間引かない。また、広島県、安芸も浄土真宗の強いところで安芸門徒といわれ、間引きが少ない。安芸門徒と、北陸門徒の最先端にあった西蒲原あたりが、間引きしない土地なのです。従って、統計的に調べてみると、人口の増加が顕著で特によそに比べて相対的に女の子が多い。洪水に襲われて暮らしが立ち行かないときは、結局身売りしなければならないという悲惨な現実もありましたが、とにかく女の子が多かったのです。良寛さまに「この里に　手まりつきつつ子供らと　あそぶ春日は　暮れずともよし」という有名な歌があります。良寛は玉島の円通寺を出発してあちこちを行脚していますから、各地に間引きの多いことは知っていたと思います。ところが戻ってきた越後のこのあたりには間引きがほとんどない。そういう点では非常にうれしかったはずです。しかし、水害に襲われて、いろいろ努力しても、横田が切れた、あそこが切れたと、それが二年、三年続けば貧乏でどうしようもなくなる。娘を売らなければならない、という状態にもなります。良寛さまのこの歌の背後には、今のひととき、楽しく手まりをついているこの女の子が、やがて江戸の吉原へ売られていくのか、あるいは上州の宿場町に売られていくのか、暗然とせざるを得ない面があったのだと思います。さっき、良寛には水害を嘆く歌と、悠々と水を楽しむ詩と両方あったのだと言いましたが、手まりの歌もやはり、「この里に　手まりつきつつ子供らと　あそぶ春日は　暮れずともよし」というのどかな風景と、しかし考えてみればその裏の事情と、複雑なものを持っている。

この里《さと》に
手毬《てまり》つきつつ
子供《こども》らと
遊《あ》ぶ春日《はるひ》は
暮《く》れずともよし

複雑なものがあるからこそ、字句の一通りの解釈とは違う深みが、読んでいるとなんとなく伝わってくる。読み方によってさまざま変わってくる深さが、この土地の人々にはなんとなく分かる。それが長く良寛が親しまれた原因なのではないか、そんなふうに見ているのですが。

豊口　先生からそんなふうに言っていただくと、私の素人なりの考え方がそう間違ってはいなかったなという自信を持つことができました。さっきも申し上げたのですが、この手まりを子どもたちとついている姿の裏に、何か隠されているのではないか。遊女とおはじきをした裏にも何かが存在したのだろうと解釈はしていたのですが。今のお話を伺いますと、確かに地域の家族構成と、もう一つは人々とのコミュニケーションの中で新しいまちをつくっていくための、いろんな複雑な構造が残されてきたような気がします。特に海岸線には寺泊や出雲崎、さらには柏崎という大きな町があって、当時は、北海道の昆布から始まって、活発にいろんなものがそれぞれの港に入ってきて、さらに西へ移動していく。佐渡の金や銀や、石油までがこの地域から出て、それが江戸や大阪に運ばれていくという交易の地域であった。そういう点から見ますと、拠点には必ず昔から遊郭というものが発達した。そういう世界で働く人もたくさんいたのだろうと思うのです。今はそういう人たちを非常に批判的な目で見ていますけれども、おそらくその当時は、それほど悲惨な世界ではなかった。一つの社会のシステムとして、そういうものが存在したのだろうとしか私は考えられないのです。そしてそういう世界にまで良寛さんが気配りをしていたというところに、良寛さんの人柄というものがしのべるのではないかな、という気がします。良寛さんが大変な知恵者であったと思うのは、読めない字で自分のネットワークをつくって、そういう社会システムをつくったという、策謀ですね。これはもう、大変な人だったろうと思います。最初に利休の話をしましたが、彼もなかなかな策謀家で、侍、武士をだまして。刀で人を殺して歩いている人間は、茶道などなかなか理解できないと思うのです。それが刀をはずして茶室へ入り、お点前をいただいて、利休の話を聞き、「結構なお点前で」と言ってみる。きっとお茶のことはなかなか分からなかったでしょうが、それが分からないと一流の武士ではないといわれていたわけですからね。良寛さんは茶道よりももっと勝る書道の世界で、社会秩序をつくってきたんですね。ほかに、土地の役人との関係などは何かありますか。

井上　村上藩の役人の中にも三宅相馬のように良寛を尊敬している者もいましたし、そういう面でも地元の村役人たち、庄屋や組頭にしてみれば、良寛はありがたかった。つまり、交渉事のとき、ぎりぎりの交渉をしていて、ちょうど、市長さんや市会議員の人たちが中央官庁に行って、向こうの課長や部長とやり合う、頭を下げながらぎりぎりのつばぜり合いをするのと同じことが、江戸時代にもしょっちゅうあったわけです。村役人たちがそういうとき、例えば三宅相馬に「この前良寛さまに会いましたら、よろしゅう言っておられました」というようなことを言えば、座が和むわけです。話をしやすいわけですね。越後の銘酒を一本ぶら下げていくより、効果がある。そういう点にも、良寛は村役人にとってありがたい存在だったと思いますし、子どもたちとも親しんでくれる。砂地に水がしみるように、良寛さまの人徳は西蒲原にしみ込んでいったと思います。早い話、私は巻の出ですが、どこで聞いたというわけでもないのに良寛さまの名前はずっと子どもの頃から知っている。この辺の人はみんなそうじゃないでしょうか。良寛さまは今は非常に有名です。良寛の研究者はとかく有名人とのつながりを強調する。会津八一が正岡子規を訪ねて良寛を語ったので良寛が中央に知られたとか、夏目漱石が良寛を……、というふうに言いがちです。相馬御風などが盛んに良寛を紹介した、それで良寛が広まったということもあると思うのですが、それ以上に、私はやっぱり口伝えで地元の民衆の間にずっと語られてきたのがもとだと思うのです。そう気がついたのは、明治十年から昭和二十年までの新潟新聞、これは昭和十七年にほかと合併して新潟日報になるわけですが、延べ三百日近くかけ、あの新聞を県立文書館へいって通し読みしたのです。良寛がちょっとでも出てくると、コピーしておく。それをまとめてみますと、良寛関係の記事は、この七十年ほどの間に二百三十回ちょっと出てくる。これは今からみれば少ないですね。今だったら良寛は、新潟日報に毎日のように出てくる。何十年もかかって二百三十回ぐらいの記事は少ないけれども、昔の新聞は小さくて四ページぐらいでしょう。政治や社会のネタばかりの中で良寛がそんなにたくさん出てくる。これはほかと比べると、たとえば鈴木牧之はこの間に十八回しか出てこないのです。上杉謙信や河井継之助なんかより良寛の方がよく出てくる。そして、その記事は、別に有名人がどうしたこうしたというのではなく、出雲崎で地域の有志が集まって良寛の法会をやったとか、五合庵に昔、良寛さまが住んでいたそうだとか、どこそこで良寛の書画会が開かれたとか、そんな記事が非常に多いのです。みんながそれぞれに親しんでいる、という感じなのです。今日は燕に来ましたので燕の記事を一点紹介しますと、昭和十二年五月八日の新潟新聞に二段抜きで、「良寛さまを聴く、原田太田校長から」という見出しがあって、中身は、燕町太田小学校、これは今の西小学校ですね、その原田校長が、良寛について二時間半話をした。そうしたら聴衆が堂にあふれ、感銘していた、というふうに書いてある。聴衆、堂にあふれというのだから、生徒だけじゃなくて父母が大勢集まったのだと思います。五月五日に、端午の節句か何かの記念でやったのでしょうか。そういうことは、しょっちゅうあったのだと思います。実はこの太田小学校の校長というのは、良寛研究家の原田勘平なんです。私が常に愛用しています岩波文庫の『良寛詩集』ですが、これは国上の近く新堀の原田勘平と巻出身の大島花束の二人が編集して、昭和八年に出しています。この編者である原田勘平が小学校の校長で、そういう話をしているのですね。考えてみますと大正時代、良寛全集を最初に編集した玉木礼吉は国上の出身ですが、彼も西蒲原や三島郡の小学校の先生でした。大島花束も後に大阪へ行って、女学校や中学校の先生をやりますけれども、新潟県内では三島郡あたりの小学校の先生をやっている。小学校の先生で良寛関係の立派な本を出す、研究するという人が幾らもいたわけです。玉木礼吉は、今は長岡市になりましたが、深沢あたりの学校へ勤めたり。私はその辺の定時制に勤めていたものですから、地域を回ると、「昔、玉木礼吉先生が」なんていう話を聞くこともありました。そういう小学校の先生で立派な研究者の方々が、良寛さまをかんで含めるように語っていたのです。今の小学校の校長さんは多忙で、とても本を読む暇もないようで、事件が起きるたびにテレビの前で深々と頭を下げ、「あってはならないことがありました。命の重さについてよく言って聞かせます」と、ほとんど官僚答弁です。あれで果たして、生徒や父母が感銘を受けるのでしょうか。昭和十二年に原田校長が二時間半話をして、村の人たちがみんな集まってきて聴いた。おそらくその頃の太田校区では、バットで親を殺すなんていう生徒はいなかったと思います。そういう形で良寛伝説はずっと続いてきた。それに有名人も注目し、新潟県へちょこちょこ来ては資料を集めたり、というのが良寛研究の近代になっての流れであろうと思います。そういう点で、この会も燕で行われている、そしてなぜか巻出身の私が招かれて、豊口先生とお話をしているというのも、考えてみれば、良寛研究史の大きな流れに乗っているのかな、という気がしないでもありません。ここには原田校長にその頃習って覚えている人もおられるかもしれませんね。もとの西蒲原の地に生まれた私どもも、西蒲選挙などできるだけ敬遠して、原田校長が校区の人たちに良寛さまの話をしたような、そういう芽をぜひ、伸ばしていければいいなと思います。

豊口　小学校の校長先生が、小学生を含めた人々に良寛さんの話をされた。時代の素晴らしさだと思います。校長が生徒たちと結びついている、父母と結びついているというところに、実は重要な鍵があると思うのです。今の小学校では、おそらく校長先生は、生徒や父母とあまりつながっていないんじゃないかという気がします。しかも土地、その周辺の地域ともつながっていないのではないか？　相馬御風さんは新潟県の出身ですが、「一茶」「良寛」「芭蕉」の三人を比較しながら書いています。その中で一貫して彼が言っているのは、お互いに詩だとかそういうものを通して心の交流があったということ。しかも三人とも人々を愛していたということ。それから、自分のふるさとないしは生活の周辺に対して愛情を持っていたということ。そういうことが書いてありました。人を信じ、人を愛し、地域を愛し、自分自身の人生を人に迷惑を掛けないで歩んでいくという人々の生活を、比較して書いておられるのです。なかなか素晴らしい分析だと思いました。こういう素晴らしい生活をした人の実態を語れる人が、今、少なくなってきている。今日、ある一つの確証を得たのですが、信濃川がこれほど素晴らしい川に変わったというのも、この地域に住んでいた人たちの心であり力であり、夢であった。それをずっとまとめてきた人が良寛さんの精神であり、その周辺であり、その地域の人々であったということが明らかになってきたと思います。将来、どういう形でこの歴史がつくられてきたかということを、もう少し分析していくと、人と信濃川の歴史が明解に浮かび上がってくるのではないでしょうか。

会場　せっかくですので、会場の方でなにかご質問がありましたらお受けしたいと思いますが。良寛さんの書というのは、現代人である我々は、確かにそういう教育を受けていないから読めないと思っていたのですが、当時の人で、一般レベルの人は読めないのかもしれませんが、それより上の人は読めたのではないかと素朴に思ったのですが、その辺どうなのでしょうか。

井上　私はかなり読めたと思います。というのは、もう分水町でなく燕市ですが、渡部の阿部家に、良寛が「小山田の門田の田居に鳴くかわず　声なつかしきこの夕べかも」という歌、「間庭百花ひらき　余香この堂に入る　相対して共に語るなく　春夜よるまさになかばならんとす」という詩を書き、これに唱和して阿部定珍が同じ紙に「春雨の降りし夕べは小山田の　かわず鳴くなり声めづらしも」という歌、「君と共にあい語る　春夜たちまちになかばを過ぐ　詩酒はかるにところなく　蛙声草堂に近し」という詩を記したものが残っています。それを見ますと良寛の詩歌に即座に応じて書いた阿部定珍の字や歌や詩は、良寛に比べ遜色があるといえばありますが、名人の脇に小学生が書いたというような、そんな違和感はないのです。ですから、あれはあれでちゃんと釣り合う。春の終わりの夜、良寛と定珍が阿部家の座敷で酒を飲みながらゆっくり語り合い、歌や詩を書く。当時の庄屋レベルは、良寛とそれくらいの対応のできる知識と教養を持っていたと思います。そういう点でいいますと、私は良寛の書は全く読めませんし、漢詩も字引を引いてやっと読む。私は大学を出ていてその程度ですから、大学も出ない当時の人間が良寛を理解できるはずがない、などと考えたら大間違いなのです。近世では、自分が好きで字を書き詩を書き、歌を詠む人が幾らでもいたのです。今の我々が想像するより良寛の書も分かっていたのじゃないか。もちろん、良寛の書の中には誰が見ても読めないというのもあるようですので、分からないところをありがたがることもあったかもしれませんが、今の大学を出た私よりも、はるかに分かる人間がざらにいた。特に庄屋クラスには多くいた。私は近世文化をそういうふうに見ております。だいたい江戸時代、日本はあまり文化が進んでいなかったというのは、明治政府の作ったウソです。明治政府としては、倒した江戸幕府が立派であっては困るのです。近世は無智蒙昧の時代でなければならなかった。だから、江戸時代については、みんな無学だったと強調したのですが、実際に江戸時代を調べてみますと、男だったら、半数ぐらいは普通の百姓でも字を読めたと思いますし庄屋クラスになればもっと高いレベルで学んでいたでしょう。だいたい御家流《おいえりゅう》の字を書かなければ、村役人は務まらなかったわけですから。そして、十軒か二十軒の村にも、庄屋・組頭・百姓代の村方三役はいたのです。あの御家流で書かれた村方文書を大学のゼミに持って出ますと、学生が崩し字辞典で苦心惨憺してやっと読んでいる。おい、寺子屋しか出ていない連中の書いた字だぜ、と言うと頭をかいていますけれども。冥王星が惑星かどうかなどは我々の方が知識は上です。しかし、字を書くとか読むとか、詩や歌を作るという点では、彼らの方がはるかに上だった思います。

豊口　それは、みんなが読めるわけです。しかし良寛さんが書いた文字というのは、暗号だったのじゃないかと思うのです。阿部家と通じるためにはこの書体で書く、というように。とにかく書体がこんなにたくさんあるというのはあらためて認識したのですが、これ本当に良寛さん？と言いたくなるような書体がいっぱいあるのです。だからそこに込められている良寛さんのメッセージというのは一種の暗号で、阿部家にはこの書体でいこう、と。別の庄屋さんには、この書体でいこうと。そうやって書いているうちにいろんな書体ができてきて、それが良寛さんの書の世界をつくり上げたのではないかな、という気がしているのです。つくづく良寛さんはすごい人だなと、感じます。

一般の人が使っていた文字というのは、言葉でいうと標準語だったと思うのです。

会場　良寛さんの書・歌・漢詩などいろいろありますが、忘れてならないのは、良寛さんが禅僧であったということです。大変な禅の修行をされた。それから、勉強家であったということはいろいろな書物を読んでみると分かります。繊細で、人間としての苦悩を深く知るからこそ、そういう味わい深い漢詩や和歌が作れる。ですから多くの人に親しまれる人柄であり、残された作品・著書は二十一世紀に入った今でも、人々を啓蒙し、教えてくれるところが多いのではないかと私は思っています。その点について、先生はいかがお考えでしょうか。

井上　確かにそういうことだと思いますね。私は良寛という人は、固定的に考えてはいけないと思います。自由を楽しみ、自由に生きたのではないかと。というのは、禅僧として非常に厳しい修行に耐え、たぶん最後まで禅僧であった。最晩年を送った島崎の木村家でも、線香をともしながら座禅をしたという詩がありますので、最後まで禅僧だったと思います。ところが同時に、自分は保社を脱して自由気ままに花や月を楽しんでいる人間なのだ、という詩もあるわけですね。保社とは組織のこと。この場合、曹洞教団という意味でしょう。良寛は生涯にわたり日本曹洞宗の開祖道元にあこがれていた、心酔していたと思います。最後まで、中心の軸は道元だったと思います。しかし、すべてを捨てて風雅の道に生きた西行にも心引かれる。もともと仏道に生きるのと、風雅に生きるのと、二つの流れが日本の思想史の上にあったのです。例えば僧侶でいうと、道元は曹洞禅に生きます、貫くわけです。親鸞は、書いたものを見ますと、詩の心はあったと思いますが普通の詩や歌は作らないで、ひたすら他力本願の教えを貫きます。良寛は、道元にあこがれ、その一方で親鸞の他力本願に引かれることもあった。と同時に、すべてを捨てて風雅の道にのめり込んでいく西行のあとも、また慕わしい。たぶん良寛はそれらみんなを好きだったと思います。もし一つの寺の住職だったら、何かにとらわれなければならない。しかし生涯を行雲流水に託した彼は、何物にもとらわれる必要がなかった。名利を捨てた自由な身ですから、どれにも親しんでいた。もちろん中心に曹洞禅があったことは間違いないと思います。良寛の詩には禅僧の名前がいっぱい出てきます。達磨大師をはじめとして、道元の師天童如浄など中国の禅僧がたくさん出てきます。日本だと、道元はもちろん出てきますし、玉島円通寺の国仙だとか仙桂《せんけい》だとか、大勢出てきます。それら中国・日本の禅僧をずっとカードにとりながら考えて、はっと思ったのです。道元の次から国仙の前までの日本の禅僧が一人も出てこないのです。道元の後、曹洞教団は教団として大きくなっていきます。良寛は、道元の純粋さをちょっと一般化させて強大となったその組織になじめなかったのではないか、という気がします。しかし曹洞禅にはなじみ続けた。そして近隣に多い真宗門徒に和して念仏することも、西行や芭蕉の風雅にあこがれて花鳥風月に夢中になることもあった。その間の不安や動揺を率直に語って、すこしも名僧ぶるところがない。だからこそ、常に迷い動揺している世間一般の凡人には、まことに心安らぐ身近な存在と感じられる。それが、良寛だったのじゃないかと思います。

水都・新潟の復活に向けて

～信濃川が育んだ田園型政令市～

ＮＰＯ法人新潟愛郷会理事長。前新潟市長。昭和9年新潟市生まれ。昭和33年建設省（現国土交通省）入省、都市局都市防災対策室長、住宅局市街地建築課長などを歴任。昭和60年新潟市助役に就任。平成2年から平成14年まで新潟市長（3期）

長谷川義明

hasegawa●yoshiaki

長谷川義明×鈴木聖二

新潟のまちづくりの歴史と信濃川

鈴　木　長谷川さんは建設省で都市局、住宅局というまちづくり、地域づくりを専門に担当されてきました。しかも新潟市の学校町生まれで、子どもの頃には、信濃川で泳がれたことがあるとお聞きしました。新潟に生まれ、新潟に育ち、しかも故郷に帰って十二年間にわたって市政を担当された。政令市になる新潟市の土台づくりを、三期十二年にわたって務めてこられたのです。退任後は、さらに地域に貢献したいということで、新潟愛郷会というＮＰＯを自ら設立されて取り組んでおられる。今日は信濃川と新潟のまちづくりの歴史、それから現在のまちづくりや今後の方向性、そして長谷川さんの新潟への愛情などをお話しいただけたらと思っています。

長谷川　今、お話がありましたように、私は新潟の学校町の生まれです。現在、市役所の建っている町内で生まれましたので、海にも近いし、信濃川にも近いというところで育ちました。幸い、まちづくりに関する仕事をずっとやることができましたので、新潟市の助役に来ないかと言われたときに喜んで帰ってきました。その後、新潟市長になるとは思っていなかったのですが、市長に当選することができて、今まで自分が勉強してきたことを生かし、新潟のまちづくりにできるだけのことをやりたいという気持ちで取り組んでまいりました。

今日は、その成果の一部も出るかと思いますが、決して満足しているわけではありません。私はまちづくりには三つの条件があると思うのです。一つはその地域地域の持っている土地の固有の条件にいかに立脚しているかということが非常に大きなことだと思います。それからもう一つは、その時代時代のまちづくりに関する社会的な要請があると思いますが、そういったものをいかに反映するかということがあります。さらにもう一つは技術的な水準、その時代時代に発展してきた技術がありますが、そういった技術的な水準に則してまちづくりが行われているか、この三つは非常に大きい基本的な条件ではないかなと思います。そういう意味で、今日はいろいろと絵をお見せしながら、三つの条件に基づいて、時代時代にどんなまちがつくられてきたかをお話ししていきます。

鈴　木　今おっしゃられた三つの条件の中の「固有のまちの持っている財産」、それをつくり上げてきたまちづくりの歴史と信濃川ということで、お話をいただきたいと思います。

長谷川　この図は現在の新潟市、合併した後の広域的な新潟市になります。大河津分水からずっと東の方に東港という掘り込みの港湾を造っており、この先に聖籠、豊栄があります。だいたいこの図面全体が新しい新潟市の区域になっているとご理解していただいていいのではないかと思います。信濃川の河口があり、阿賀野川の河口があるという状況です。赤いのは市街化している部分です。

　これが、かつて阿賀野川と信濃川の河口が一緒になって流れていた時代の図面、その後、一七三一年に阿賀野川が真っすぐ松ケ崎浜から日本海へ直流するわけですから、それ以前の復元の図面ということになりますが、ご覧のように信濃川の流域にたくさんの潟があります。大きな潟もありますが、これらの潟の水は全部、阿賀野川水系、信濃川水系とも本川に流れ込んできて、この河口から海に出ていたの

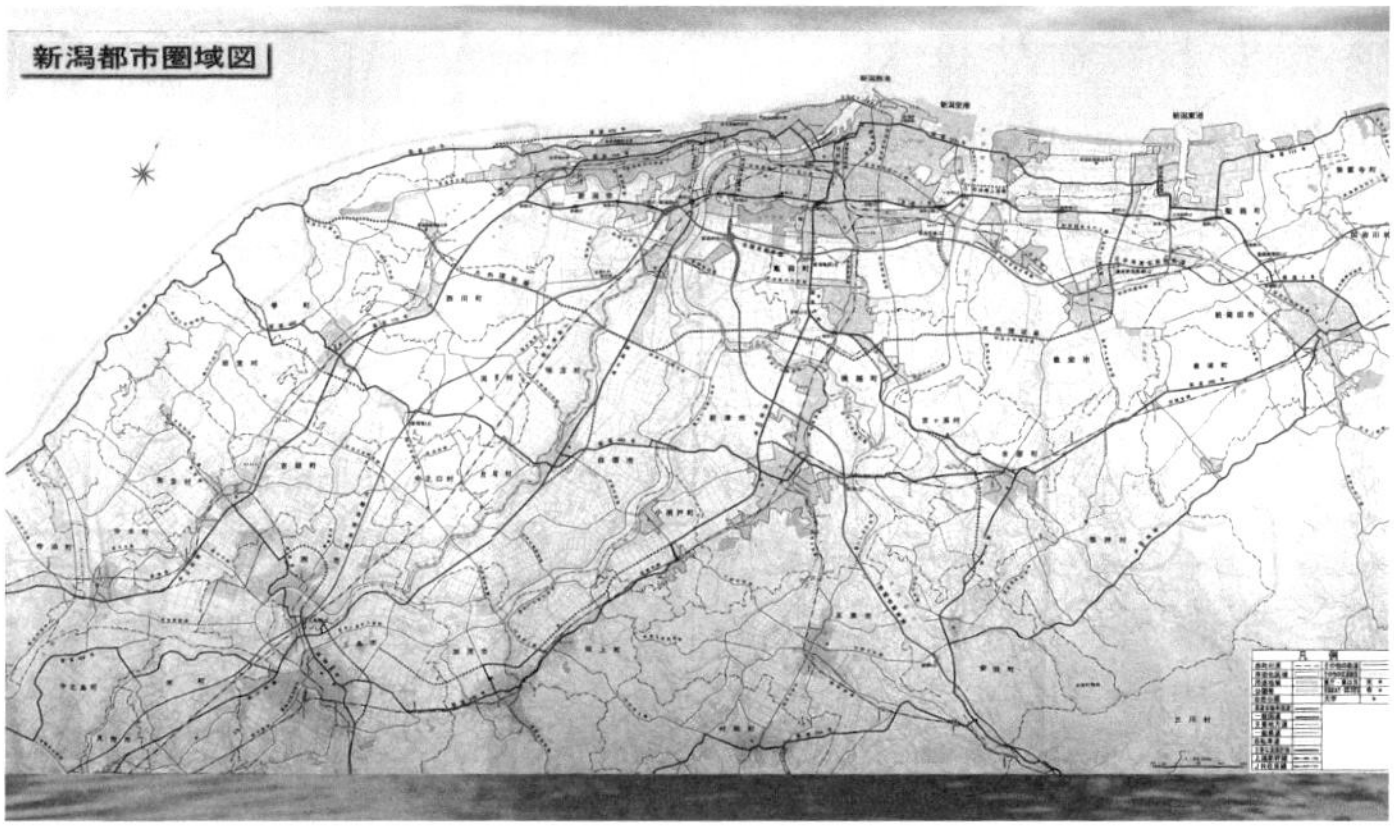

新潟都市圏域図

です。茶色で書いてあるのは砂丘列です。砂丘列というのは氷河時代が終わって、だんだん地球温暖化に伴って雨によって土砂が流れ出てくる、その流れ出てくる土砂が冬季風浪によって押し戻されて、砂丘を形成するという歴史を繰り返しています。一万二千年前ぐらいに氷河期が終わるわけですが、それからずっとこういう形成が進んでまいりました。砂丘がないあたりは地盤の沈下、沈降などで消えてしまっているところです。砂丘列はだいたい十三列ぐらいあるといわれていますが、ここに自然河川の阿賀野川河口、信濃川河口が一緒になったり離れたりしているのですけれども、この両河の河口からずっと荒川までの間に現在、海に出ているいろいろな川がありますが、それらは全部人工的に掘った

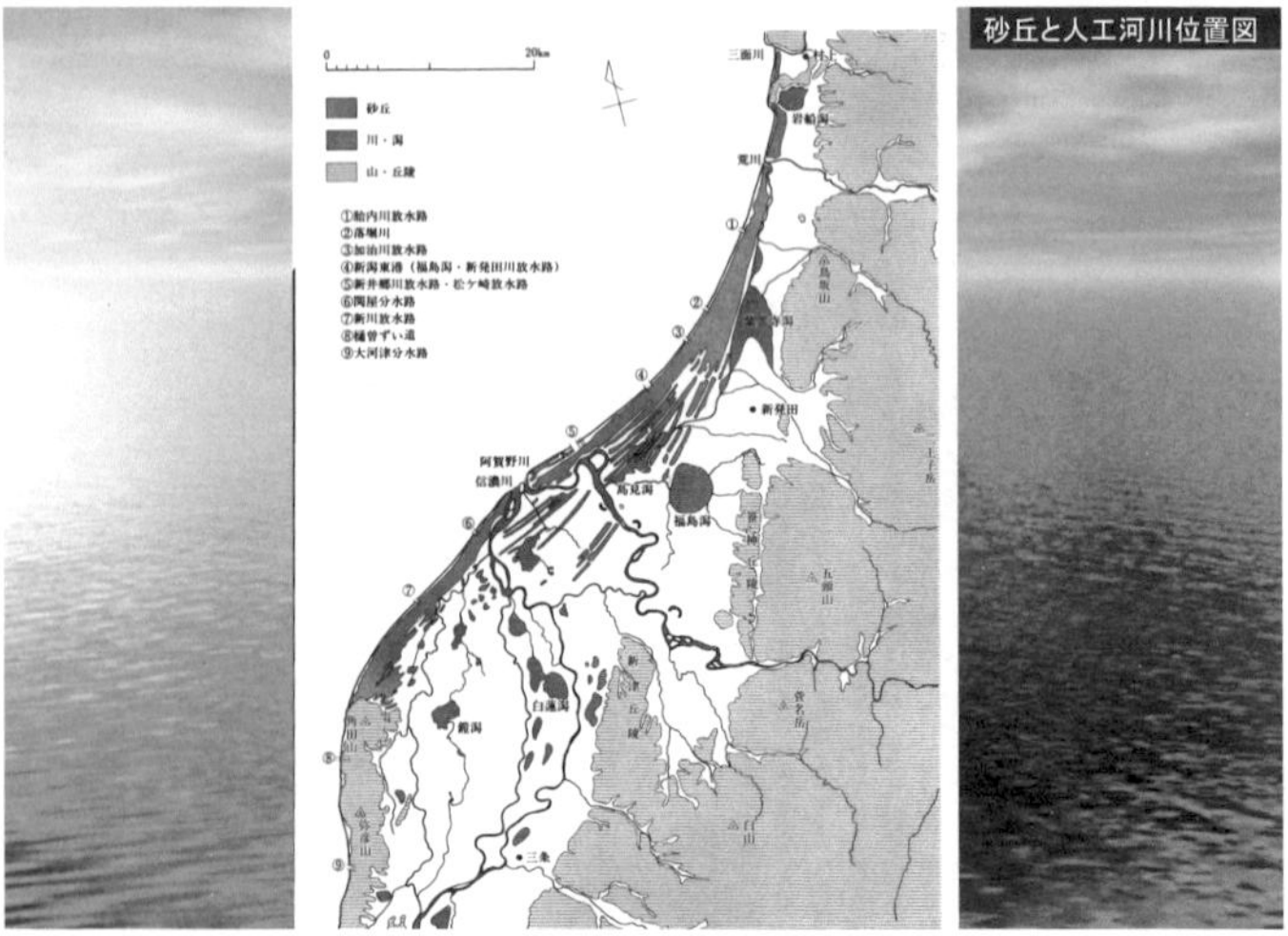

砂丘と人工河川位置

川です。つまり、この地域の人にとっては、早く水を海に抜くことによって乾田化し、米の生産を上げるということが、居住にとって非常に重要な課題であったといえます。

　これは旧新潟市内の笹山前遺跡から出てきた、約六千年前の縄文土器です。これはまだ私が市長をやっている時に出てきたのですから、比較的新しいものです。これは縄文といっても六千年前ですから縄文前期に当たり、縄目ではなくて、一つ一つをヘラで彫った大変丹念な土器で、「みなとぴあ」（歴史博物館）の中に展示してありますので、ぜひご覧いただきたいと思います。底の裏面にも全部柄が彫ってあります。有名な火焔土器はだいたい四千年から四千五百年ぐらい前の土器ですから、それよりもずっと前に、既にこういう大変緻密な彫り物を施した土器を持った人が、新潟の平野に住んでいたことになります。

　その笹山前遺跡が出てきた地域に今、蔵岡公園という名前の縄文の公園を造っています。縄文時代に

笹山前遺跡縄文土器

あったであろう木を植えて、縄文の生活がここで体験できるようにしようということで造っており、いよいよ平成十九年度のうちには完成するというところまできていますので、機会があったらぜひ行っていただきたいと思います。

鈴木　どこら辺にあるのですか。

長谷川　あった場所は、阿賀野川の一番奥の砂丘を第一砂丘と呼んでいますが、その第一砂丘列の阿賀野川の付け根のあたりです。新潟でいうと大江山地区で、そこから発掘されました。砂丘全体は年代順に第一砂丘列、第二砂丘列、第三砂丘列と分類され、古町周辺は第三砂丘列に当たります。なお、山という名前が付くのはだいたい砂丘の上なのです。第一砂丘列には大江山地区、亀田の北山もここに

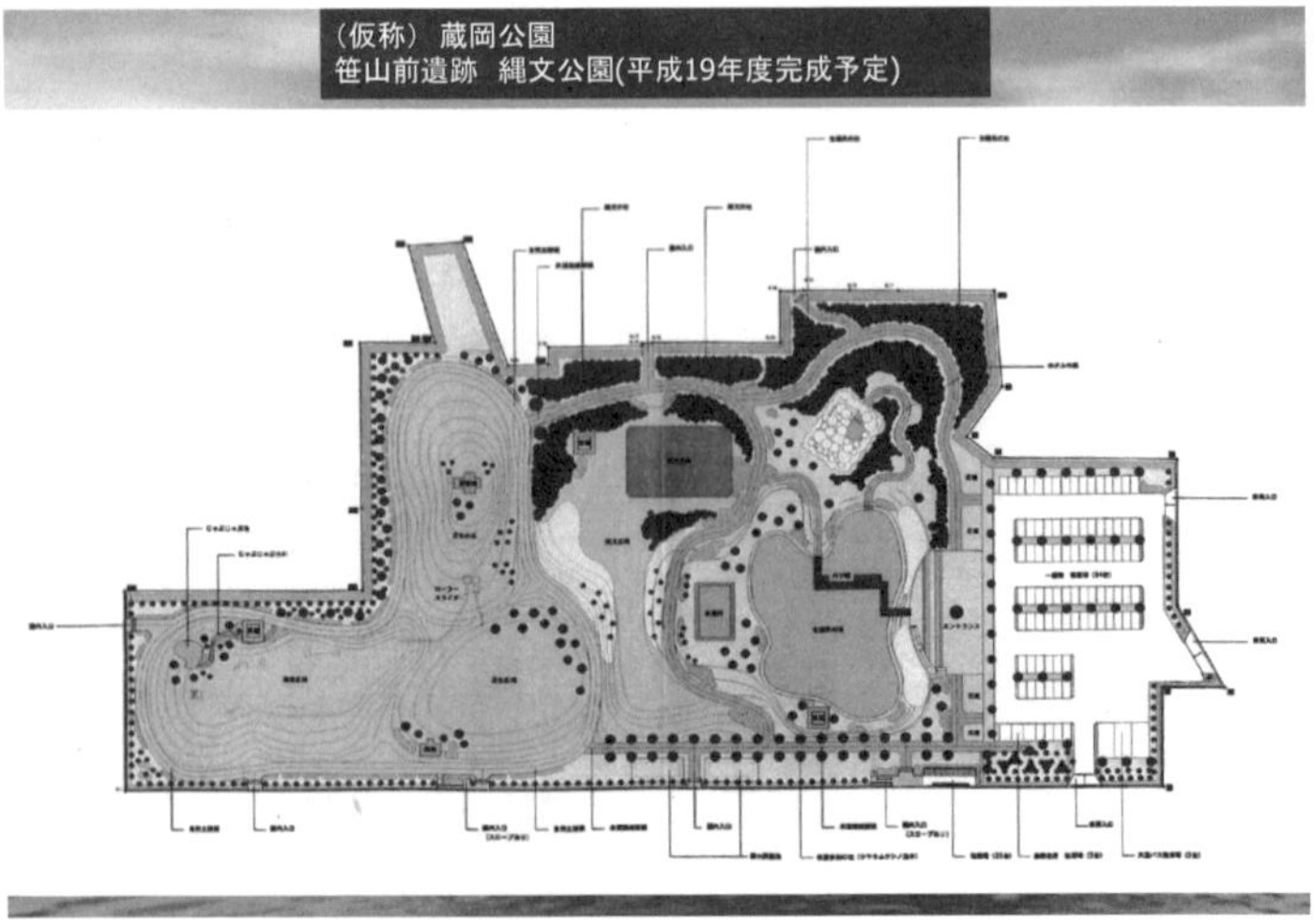

蔵岡公園（仮称）

入ります。それから第二砂丘列には石山や山二ツ、海岸にきますと第三砂丘列の物見山や日和山があります。こういった山という名前が付く地域はだいたい昔の砂丘列の上、安全な場所です。新潟地震のときもそうですし、出水のときもそうですが、砂丘と砂丘の間で浸水被害や地震による倒壊があります。要するに地盤が軟弱なのです。

会津坂下から只見川を田子倉ダムの方向上流に向かいますと、左側に沼沢湖という湖がありますが、実はこれが五千年前に噴火した沼沢火山の火口湖、カルデラ湖です。現在ではとても静かな湖になっています。まさに山の中の、静かな湖畔の森の、という感じで、ここにキャンプ地などもあります。ぜひ、お訪ねになっていただきたいと思います。

この五千年前の沼沢火山の火山灰層が、新潟の平野に分布しているわけです。それによって五千年前にどの辺までが陸であったかということが分かります。これが分かったのが最近のことで、新潟大学の

5000年前の噴火口あとの湖
新潟平野に火山灰層を残している

沼沢火山の火口湖

小林昌二教授を中心とするグループが山の下周辺でボーリングをして火山灰層を発見しました。つまり、あの地域は、五千年前に火山灰が降る以前から既に陸化していたということが分かったのです。それによって、かつての渟《ぬ》足《たりの》柵《き》であるとか、蒲原の津というような歴史上の場所が、こういった第三砂丘列のところにあったということがだんだん物証として分かってきた。それまで、渟足柵や蒲原の津は新津にあったのではないかとか、岩室あたりにあったのではないかと、いろいろな学説があったのですが、最近では第三砂丘列のところにあったであろうということが、だんだんはっきりしてきています。

これは一〇六〇年、平安時代になりますが、越後古図といわれている図面で、これはかつての越後平野の状態はこうであったろうという想定図なのですが、これは今ではおそらく偽物だろうと、つまり想像して書いた図面だろうといわれています。一千年前の人たちが、昔はこうであっただろうというふうに描いたのではないか、

只見川水系沼沢湖（火口湖）

あるいはもっと新しい地名が使われているところを見ると、一〇六〇年と書いてあるけれども、もっと新しい時代の人が描いたのではないかともいわれています。

こちらは一〇八九年に描かれた越後絵図ですが、これにも似たようなことが描かれており、新津があったり長岡があったりするのですが、特徴はどちらも蒲原平野全体が入江になっていたということ。それから弥彦山、それから沼垂や榎島、五十嵐とか、こういった島があるのですけれども、こういう島が描かれているのは、前の図と似ているのですが、おそらくこれを描いた当時の人たちが弥彦山に登って見ていると、洪水のときには全体が入江のように見える状況もあったのではないか、と。そういう人たちが想像をたくましく

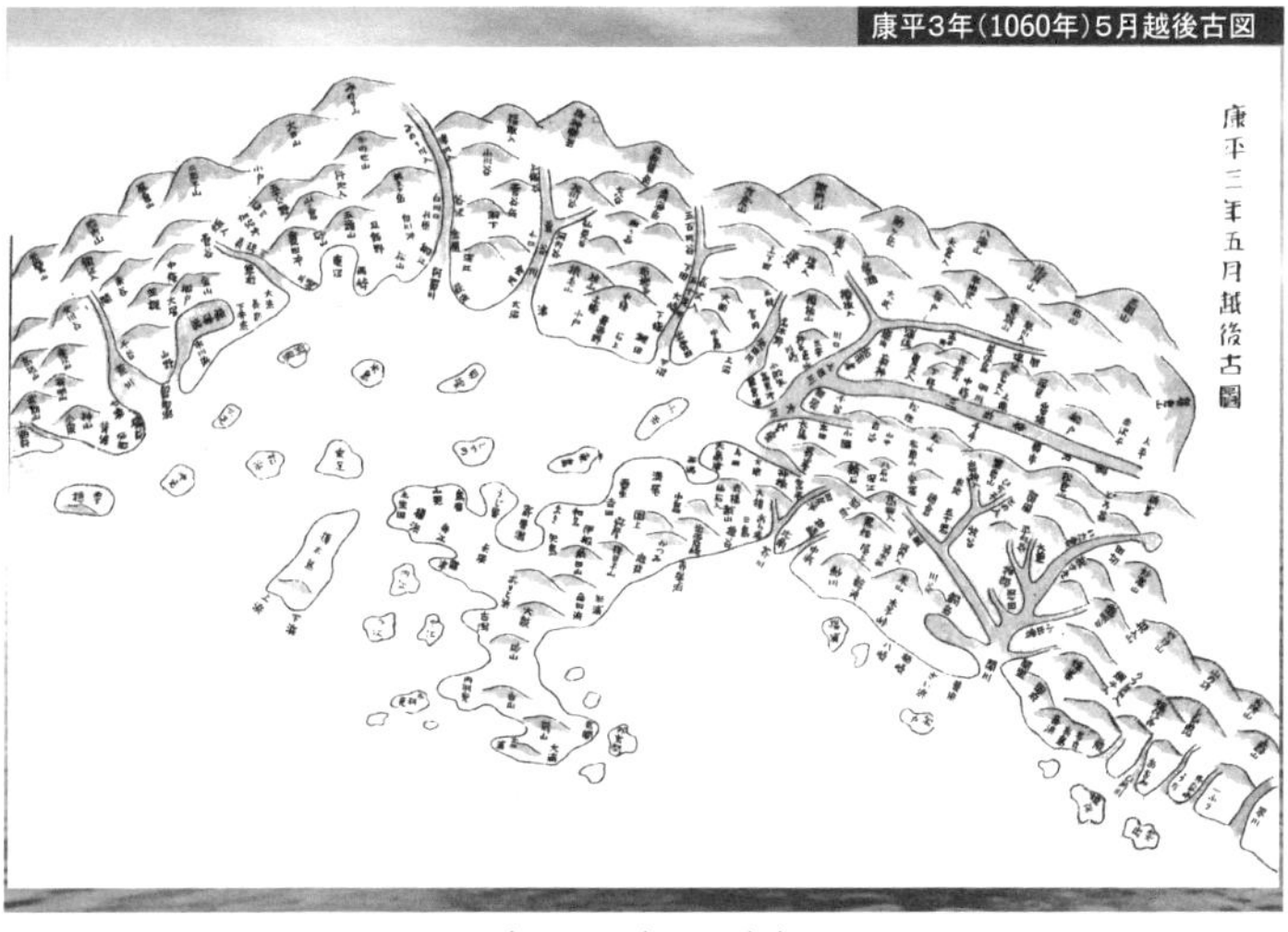

康平図（1060年）

すれば、昔はおそらく入江だったのだろうと想像するに足るような状況が山の上から見えたのではないかと、それで、こういう絵を描かれたのではないかと思っています。

鈴木　よく地図にない海とか湖とかいう表現をします。司馬遼太郎の「街道をゆく」にも出てきますけれども。

長谷川　鳥屋野潟はそういう地図にない水面といわれます。洪水のときは完全に湖になってしまうのですが、乾いているときにはちょっと陸が見える。そういうことが、つい最近まであったわけです。ですから、江戸時代、あるいはもっと古い時代にしてみれば、出水期には、平野全体が水面に見えるという状況があったのではないかと思います。

鈴木　地図にない湖を地図にしたわけですね。

寛治3年(1089年)7月越後絵図

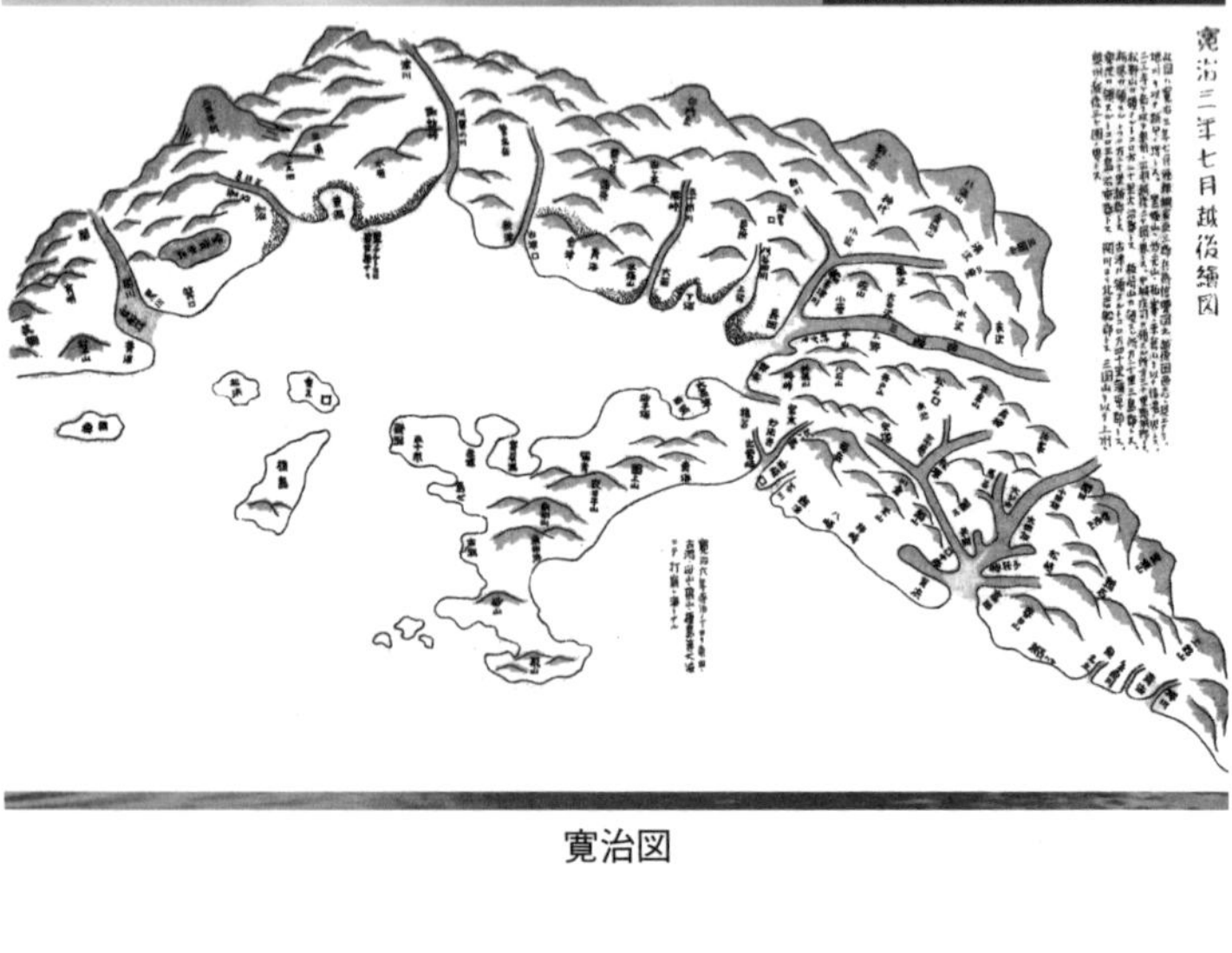

寛治図

長谷川　おもしろいことに、弥彦山のところに半島が出ているのです。この半島を探すのだけれども、海の中には全然その痕跡もないそうです。

　この図は、新潟で最初の町建《まちだて》といわれ、一六一七年、これは江戸時代、徳川の時代ですが、長岡藩主堀直寄による最初の町建で、ここに本町とか片原通、古町通という名前が使われています。船着き場も描かれています。ここにまちができる。これが一六一七年の最初の町建なのです。この当時は江戸時代ですから幕藩体制で、信濃川の左岸側は長岡藩でした。右岸側は沼垂から新津まで新発田の溝口藩でして、海から来た荷物が岸に着きますと税金が入りますから、どちら側の港に船を着けるか取り合いになるくらい、溝口藩と長

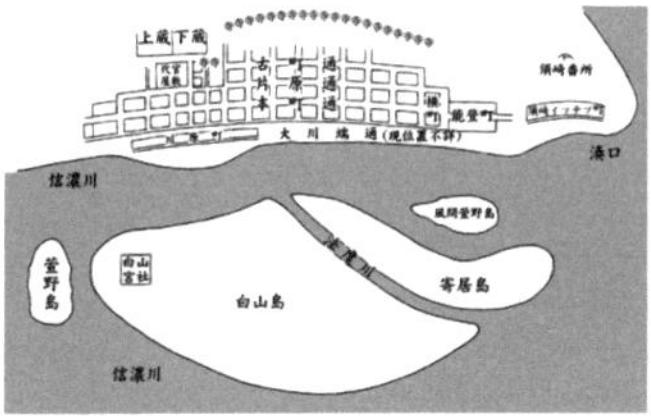

「古新潟之図」 新潟町が現旭町・大畑方面にあったころの町並み
堀直寄による町建(1617)

元禄12(1699)年4月の沼垂訴訟立会絵図写(部分) 昭和9年版「新潟市史」上巻所収図から作成 明暦の町建(1655)

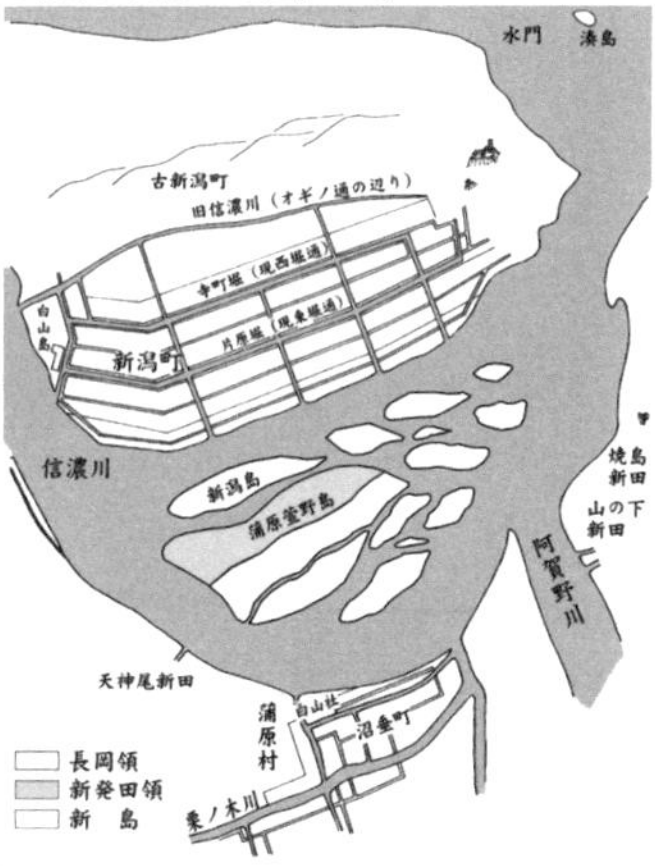

元和3年（1617）当時の新潟の町建

岡藩が争ったという訴訟が随分と起こっています。長岡藩には松平さんや牧野さんがいたわけで、これは徳川の親藩です。それに対して溝口藩の方は親藩でなかったわけですから、いつも訴訟のたびに長岡藩は有利な判定を受ける。そんな歴史を繰り返して、とにかく仲が悪かったのです。

この新潟の地が港であったという歴史は、西暦九二七年の延喜式という式目、当時の法律とか定めを書いた延喜式というものにはっきり出ていまして、公の港、国の港として蒲原の津を置きました。その蒲原の津から日本海を通って敦賀の港へ入り、敦賀から琵琶湖に入って大津に行き、そこから京都へ行くという九二七年の延喜式という式目があります。それによりますと、蒲原の津から京都に行くのに三十六日かかるとある。陸で行くと三十四日かかり、いくらも違わないのです。つまり重たいものを運ぶ船は非常に重要な交通手段であったということが分かります。ということは新潟の港、つまり蒲原の津というのは、この地域全体にとっての大きな交通の拠点として機能していた。国の港として既に認定されて、蒲原の津の整備が行われたということが分かります。車のない時代ですから、川の流れを使って重たいものを上流から運ぶという流域の経済圏域の広がりというのは、やはり大変大きなものだったのではないかと思います。船による舟運というものが非常に活発に、しかも主として行われた。しかも運賃は、陸で運ぶのと船で運ぶのとでは、船の方が五分の一という安い費用でした。そんなこともあり、新潟の港としての機能は、南北朝の争いの時にもどちらが港を制するかというのが大変大きな課題だったようです。

堀直寄が最初の町建をやるわけですけれども、その当時はまだ川を治めるという技術は非常に貧弱でしたから、白山島、寄居島という中州ができてしまう。そういった状態ですから、出水のたびに川の流れが変わるようなことがあり、川岸が土砂で埋まってしまうのです。すると船が着きにくくなる。そんなことから、一六五五年に明暦の町建というのを行い、白山島、寄居島のところにまちを張り出して造ったのです。そして、その時に初めてこういう堀割ができた。水を防ぐという意味もあったと思いますが、同時に沖どりの船からはしけでもって荷物をまちの中に運び込む、そういう役割をしました。その時に、古新潟町と書いてありますが、かつての新潟の古い本町に住んでいた人は、何月何日までに新しい本町に移りなさいとか、古い片原通にいた人は何月何日までに新しい片原通に行きなさいというような、強制的な疎開をやっております。これは大変なことだったと思います。現在の荻野通りの海側の方に、古い新潟のまちがあったということになり、現在もこの一六五五年の当時につくられた町建通りのまちの名前が残されている。ですから、新潟の現在の中心部の町建は、約三百五十年前につくられたということがこれで分かるかと思います。この当時はまだ阿賀野川が信濃川と河口が一緒になって出てきています。阿賀野川が山の下のところで、今の通船川のところから入り込んでいるわけです。この一六五五年当時はそうだったわけですけれども、一七三一年に阿賀野川が真っすぐ松ケ崎浜に分流してしまうという事件が起こります。

この図は分流した後の図面を示していますが、赤いところが第一砂丘列で一番古い砂丘列です。オレンジ色が第二砂丘列といわれているところです。黄色が第三砂丘列といって、古町はこの辺にあります。縄文土器が出たのは、この阿賀野川の第一砂丘列のところです。

鈴木　砂丘があるということは、そこがその時代の海岸線と考えればいいわけですか。

長谷川　そういうことです。かつてはずっと入江だったのが、一万二千年前の氷河期の終了とともに温暖化が進んで、雨がたくさん降るよ

新潟市付近の主な砂丘列

うになって土砂がだんだん出てくるのだけれども、冬季風浪でもって押し戻されて砂丘を形成する、そういうのを繰り返してきたということになるわけです。

少しずつ海岸線がせり出していくと。

鈴木　信濃川、阿賀野川から流出する土砂によって越後平野がつくられてきているということが、これで分かるかと思います。まさにそういう意味では、母なる川・信濃川がこの大地をつくったということになります。そこに居住する環境を開発するという、私どもの先輩たちの努力がこれから始まるわけです。五千年前の縄文土器のところには、集落の形跡がありません。つまり、どこかから持ってきて、前線基地としてここに漁労などを営んでいたのではないかと、今の学説ではそうなっています。

長谷川　砂丘と砂丘の間でだんだん干拓などをしながら耕作が進んでくるわけですが、江戸時代に随分干拓をするのですけれども、悪水がたまる。つまり洪水になると、信濃川も阿賀野川も本川の水位が上がりますから、こういった砂丘の間の湿田地帯に逆流してしまうわけです。逆流するということは、そこで稲が取れないということになります。従って、早く海に水を抜きたいという運動が、これらの集落で起こります。松ケ崎浜村の人たちが新発田の溝口藩に、この阿賀野川の水を抜いてくれと言ったのですが、新潟側の方の長岡藩はここで水を抜かれてしまえば船も入れなくなる、浅くなるということで断固反対、そんなことでずっと長い間争いを繰り返しているのです。最後にとうとう、せめて洪水時の上水だけでも流してほしいということで、幕府がそういう採択を出しまして砂丘の一部、山の上の方だけ切って、洪水で水位が上がったときに上水だけを流してもいいという裁定をしました。長岡藩もそれならしょうがないということでやるわけですが、一七三一年に工事が完成、一年で大水のときに上水だけでなく砂丘の下も含めて全部砂丘が持っていかれてしまうのです。それで、この大河が真っすぐ伸びた。これだけの大河ですから、当時それを元に戻すだけの技術力がなかったわけです。現在もそういう状態が続いて、心配したとおり通船川には水が流れなくなると、信濃川はどんどん浅くなるというような歴史を持っているわけです。

この信濃川も洪水に大変悩まされるわけですが、特に明治二十九年には横田切れという大災害が起こります。江戸時代から、大河津の部分から寺泊へ水を抜いたらどうだということで民間からの提案もあったりするのですが、巨大な費用がかかりますので、幕府としても決断ができなかった。とうとう明治政府に持ち越されます。明治の初めにこれを一生懸命抜いた人がおられるわけですけれども、阿賀野川の本流が向こうへ行ってしまって、信濃川の河口が浅くなったという歴史的な事実もありますので、掘削したのを取りやめさせてしまうわけです。

鈴　木　港がますます浅くなるということですね。

長谷川　新潟の港町の人たちは、全部反対するわけです。そんなことで明治までできたのですが、明治二十九年に横田切れという大災害が起こりまして、越後平野全体が何か月も水に浸かってしまう。子どもを売らなければならない悲惨な状況が、ここに続くわけです。それで明治政府もついに決断いたしまして、明治四十二年に東洋一の大規模事業といわれている大河津分水が着工するのです。

ご覧のように信濃川というのは、本当に幅の広い川が流れてきているわけですが、大河津分水のところから下流へは新潟側に流れているのは実は右端の細い水路部分だけなのです。新潟側の洗堰《あらいぜき》というのは、ここから水を取るだけなのです。洪水のときは全部水が寺泊の方に流れるという計画にしているわけです。そのおかげで、この新潟側の平野が守られている。しかも港の水位、あるいは水の流

大河津分水

れが安定するわけです。洪水のときに水流が速ければ船も流されてしまいますけれども、ここでもって制御することができるようになった。そのために安定して港が使えるようになるわけです。そういう計画でこの大工事をやりまして、百人犠牲が出ております。新潟から行った人もここで亡くなられているわけですが、そういう尊い犠牲のおかげで大河津分水が通水します。大変時間がかかりますけれども、大正十一年に寺泊に通水するわけです。その後、信濃川本川では破堤というような洪水被害はありません。通水して以来、本川の破堤というような洪水がないということは、この越後平野全体の安全のために大変大きな役割を果たしてくれている大河津分水であり、現在の我々も感謝してもしきれないほどの大事業をやっていただいたな、と。二十世紀新潟地域における最大の事業、日本国政府にとっても大事業でございます。まさに東洋一の大規模公共事業だったわけです。しかし、寺泊へ行く分水路は太いのですが、分水路の河口の方で川幅が細くなったりしていまして、あの当時の計画、あるいは技術力でしたから、こうせざるを得なかったわけですけれども、これが狭すぎて、もっとしっかり海に流すようにしていただかないと、下流の安全、特に洗堰下流右岸堤防の安全に問題があるのではないかということで、大河津分水路の改修期成同盟というものをつくりまして運動をしているのです。新潟市長が会長なのですが、せめて新潟側への洗堰だけでもということで造り直していただきまして、洗堰は安全になったのです。取りあえず下流域は安全なのですが、分水路の堤防が弱い。最近、可動堰の改修工事に着手したと新聞に出ていましたので、新可動堰を造って洪水を制御するといいますか、洪水のときには流水するという可動堰を新しく造る工事が始まるようです。これは越後平野全体の安全のためにいいことです。下流だけではなく、水位が上がると上流の長岡まで含めての洪水になるので、長岡市も含めて越後平野全体で、安全のための改修が非常に待たれる事業になっているわけです。

ハードな事業という意味で最大の事業は大河津分水と申し上げたのですが、大正十一年に通水する前、間もなく大河津分水ができると信濃川の水位が安定して洪水が下流に及びませんから、新潟の港の安全が保たれるようになるという意味で、港を改修しようということになります。長岡藩と溝口藩は、長いこと喧嘩をして仲が悪かったけれども、この際、合併していい港を造ろうという気運が盛り上がりました。明治四十二年に大河津分水に着工いたしますけれども、大正三年に新潟市と沼垂町が旧藩の対立を超えて合併するのです。すごいことをやったなと私は感心しているのですけれども、もちろん反対はありました。その反対を押し切って新潟市と沼垂町が合併して、沼垂に新しい港を造ったのです。これは大正十五年に出来上がった新潟港竣功図で、新しい近代的港湾を造ったのです。この図を見ますと萬代橋は今の流作場五差路のところまで続いていたわけです。そして、鉄道の沼垂駅の所に港を造りました。これが現在の中央ふ頭です。つまり大正三年に合併して、沼垂に港を造ろうといって行った工事が大正十五年に完成します。それが現在も使われている港湾です。つまり近代港湾・新潟という事業を大正三年の合併によって、ここを中心にして事業をやろうということが行れたわけです。私は大正三年の新潟市と沼垂町の合併というのは、ソフト面での二十世紀最大の事業だったなと、あの合併によって現在の湊まち・新潟の発展があるのだということをつくづく感じております。

　大河津分水ができたことで洪水が起こらないということで、信濃川の川幅が狭くて済むようになるのです。それまで、萬代橋上流右岸に水の勢いを弱める水制の工事を行っています。そうすると、だんだん砂がついてくる。このあたりは現在の萬代橋のたもとです。今は万代シティ等があり、市内でも有数の繁華街ですが、このころは川の中であったわけです。

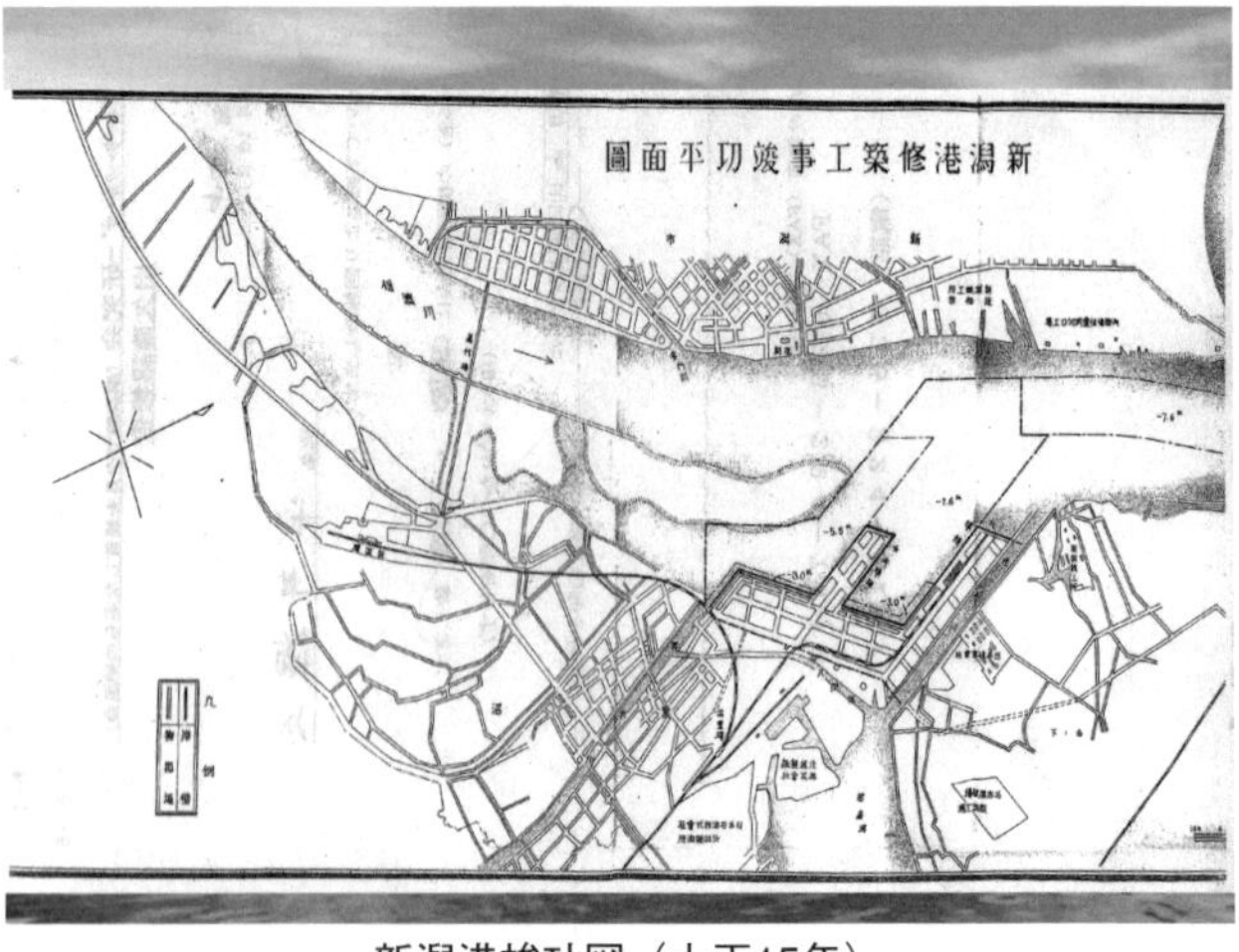

新潟港竣功図（大正15年）

鈴木　その萬代橋は今の萬代橋ではないですね。

長谷川　これは二代目です。明治十九年に最初の木造の萬代橋を民間で造りました。有料の橋だったのですが、船の方が安いということであまり渡らないので、すぐ県に寄付してしまうのですけれども、明治四十一年の新潟大火で焼けてしまい、明治四十二年か四十三年だったと思いますけれども、新しい萬代橋を造ります。これは二代目の木橋で、さきほどの五差路まで延々と続いています。

鈴木　千二百七十歩でしたか、高浜虚子の句碑がオークラホテルの前に立っていますよね。

長谷川　ここが流作場で、現在の万代シテイになっているところです。新しい萬代橋は、このすぐ脇に昭和の初めにできるわけです。国の重要文化財になっていますけれども、現在の橋は三代目です。大正十五年にこういう港ができたという

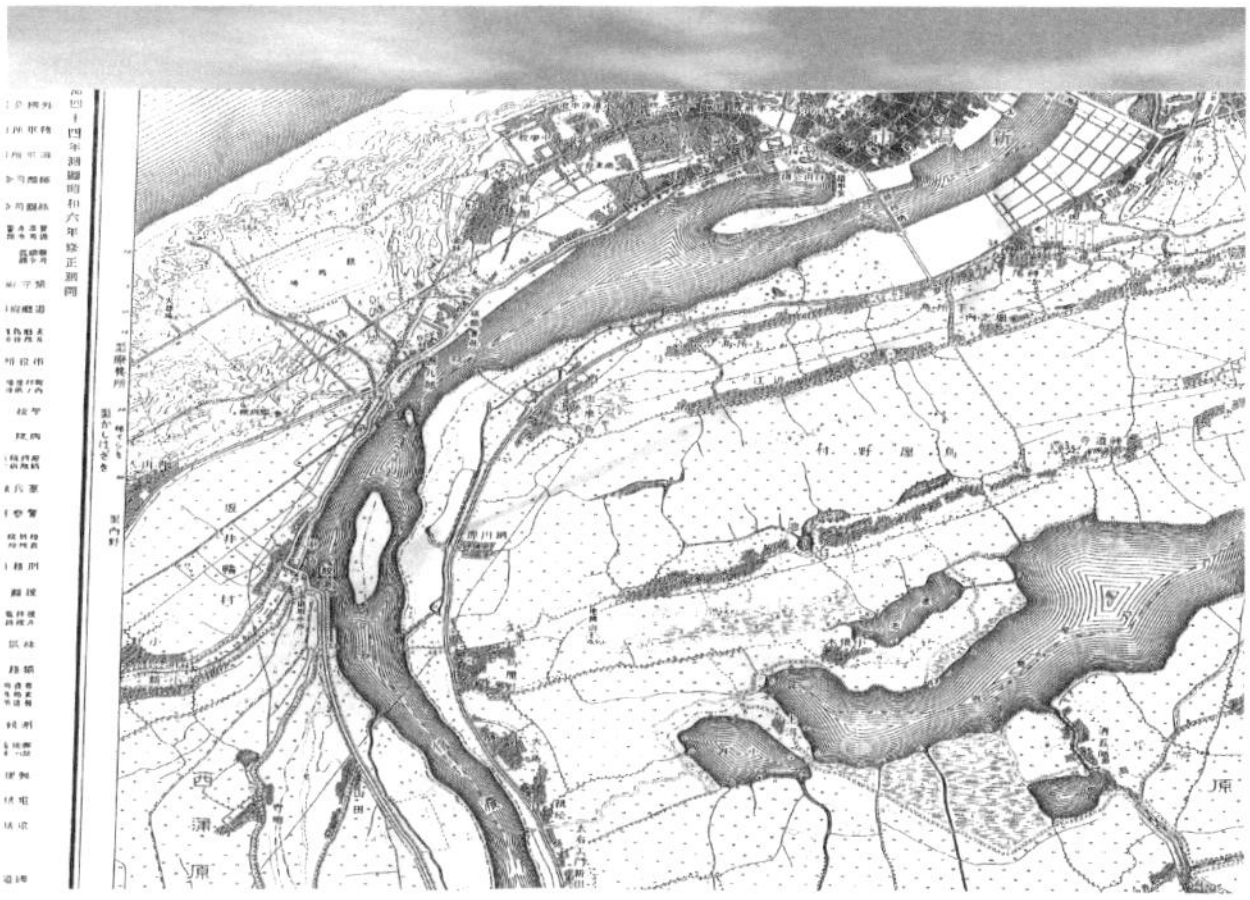

信濃川下流の状況（昭和6年）

ことが、新潟市の発展の大きな礎となっていると思います。

これは、昭和六年の信濃川下流の状況です。右端が先ほど見た万代シテイ周辺です。現在の昭和大橋の上流右岸に土地が随分ついているのが分かると思いますが、これは県庁のあるところです。網川原のあたりです。白山神社脇市街地に隣接して特徴的に入江が入り込んでいますが、これがいわゆる白山浦です。昭和の埋め立てになっています。

鈴　木　長谷川さんが泳いだという。

長谷川　これは昭和六年ですから、私が子どもの時はちょうど埋め立ての真っ最中というところです。新潟市民芸術文化会館をはじめとする文化施設はこの白山浦周辺にあって、昭和の埋め立てでまちができているということがいえると思います。屈曲部の海側に競馬場があったりします。堀割があったのです。その話を次にしたいと思います。

湿地での水稲耕作

これらの写真は、鳥屋野潟周辺の葦沼の状況で、私は昭和九年生まれですけれども、子どもの頃はまだ、稲刈りをするのに舟でやったり、水車でもって水を吐くということをしていました。腰まで浸かって田植えをする、腰まで浸かって稲刈りをするという湿田地帯です。鳥屋野潟には湖底の地権があります。あれは共有の地権で、周辺の田んぼを耕していた人たちが、鳥屋野潟はマイナス二・五㍍と一番低いところなのでそこへ泥が流れてくる、その泥をさらって自分の田んぼに泥を入れると、少しでもほかより土地が高くなっていればそれだけ稲の実りがいい、と。つまり篤農家といわれる人は朝早く起きて、船で泥をさらって自分の田んぼに土を運ぶという、大変な作業をしながら耕したのです。葦沼といわれた地域では、昭和二十年代ぐらいまではこういう状態が、鳥屋野潟の方ではずっと続いていました。昭和橋を渡ると全部田んぼでしたから、そういう苦労をして、あの地域を耕していたわけです。

　新潟はそういった水との闘いがありましたが、ほかにも随分災害がたくさんありました。少し列挙し

海岸線の後退

てみると、まず一つは海岸線の後退です。写真左上がかつての海岸線なのですが、その左側が現在の海岸線です。場所によって二百五十㍍から三百㍍浸食されているという状況が、これでお分かりだと思います。下の写真は浸食によりとうとう測候所が埋没してしまった状況です。私が子どもの頃でよく覚えていますが、昭和十年代はまだ左上の写真の位置のように、かなり陸地がありました。この測候所がだんだん傾いていって海に沈んでしまいます。そのため海岸線に護岸整備をやっていまして、水の勢いを止めるために縦堤といっていますけれども、縦に長いのを造って水の海流を抑える、また離岸堤というのを造って、波が直接渚線を浸食するのを防ぐという事業が行われているわけです。この技術を開発するにも随分時間がかかりましたし、現在でも消波ブロックが少しずつ沈んでいくので、毎年嵩上げしながら海岸線を守ってくれているわけです。ご覧のように新潟の市街地のすぐ近くまで海岸浸食が進んできているということで、大変重要な離岸堤ということで国の直轄の事業でこの分をやっていただいているわけです。

そのほか県の事業でやっている海岸の埋め立て、港の事業としてここに土地を造成して、港の機能をここに張り付けていこうということです。

ここに港のための防波堤が見えています。これは新潟の西港といわれているところです。新潟の西港というのは、信濃川の河口にある。ここには万代島の内側に漁港があり、先ほどの大正十五年に造った中央ふ頭があるわけです。大正の合併後に造ったものが、現在も使われております。毎年毎年この港の部分には信濃川の土砂が流れてきますから、毎年土砂を掘削して航路を維持しなければならないという河口港の宿命を持った港になっています。しかし、日本海側では最大の港で、特定重要港湾として国際的な物流ができる港湾という指定を受けております。国際的な物流ということは、ＣＩＱという税関とか検疫、それから外国人が入ってきますから入国管理、そういった機能を持った港という意味なのです。それは新潟が国際港であるということなのです。しかもそれは全部国の仕事です。そういう国の三つの機関が新潟に立地しているということなのです。そういうことから、新潟空港も国際空港になっているわけです。そういった湊まち・新潟だったということが、新潟のまちづくりに大変影響を与えているということが、これ一つでも分かるかと思います。そういう重要な港だけに、今度はロシアの総領事館が来

新潟大火（昭和30年）による状況

る、韓国の総領事館が新潟に立地する。日本海側の他の都市にはこういった総領事館はありません。新潟はそういう役割の宿命を持ったまちだということがいえると思います。

昭和三十年に新潟大火がありました。小林デパートが残っていますが、古町中心部は焼け野原になってしまいました。こういう大火が新潟で頻発していました。特に明治四十一年には、数千戸を焼く火災が年に二回もありました。これは北陸沿岸の都市に多く発生するフェーン現象が原因ですけれども、何とか火災の発生が少ないまちにしようということで、鉄筋コンクリートの帯を柾谷小路沿いに造ってみたり、いろいろなことをやりました。しかし何といっても住民が火を出さないのが一番ということで、私が市長時代には火災発生最少都市、つまり住民一人当たりの火災発生率が最も少ない都市に新潟はなったのです。消防や各町内会の方々に本当に頑張っていただいて、何年間か続きました。過去には京都が一番火災の少ない都市でした。歴史的価値の高い建造物が街中にありますので、まちの家の造り自体も火災が発生しにくいように、火を使うところは全部土間になっている家が多いのです。それから富山、新潟と、この三都市がいつも一位を争っているのです。余談になりましたけれども、新潟の資産家の持っていた財産も、こういう大火を繰り返すたびに全部焼けてしまっているわけです。ですから、残念ながら新潟には古くからの蓄積といわれるようなものが残っていないのです。それと、殿様の住むお城がなかったということも、金沢や仙台のように、その都市を象徴するようなシンボル空間が新潟にはないということで、新潟にとっては少し寂しいです。逆に言えば、そういう市民の象徴になるような空間を、現在生きている我々がこれからつくり出していかなければならない、そういうまちなのだということを感じます。

もう一つ、新潟に不幸が襲いました。それは地盤沈下です。幸か不幸か、天然ガスが地下から出るものですから、天然ガスを掘ってお風呂を焚いて、お風呂屋さんに行かなくてもいい家がかなりあったり、天然ガスを利用した化学産業なども発展いたしました。しかし、地下から掘るためにだんだん軟弱地盤となり、沈下をしています。写真を見ていただきますと、これは港湾なのですが、右側のコンクリート擁壁の右下に地面があります。これだけ海水面と地面との間に差ができてしまった。従って、新潟は堤防によって守られているまちなのです。ですから堤防を造り、それを維持管理する費用も大変かかるまちなのですが、そういう宿命であるということ

地盤沈下の被害（昭和34年）

とを十分考えてまちづくりをしていかなければならない、そういう土地固有の条件だということを考えないといけないと思います。

さらに、大災害が起こりました。昭和三十九年の新潟地震です。地震による倒壊、加えて津波がきます。津波の高さ自体は大したことがなかったのですが、力が強いですから、写真のように流されてしまいました。また石油タンクの炎上、周辺への火災の広がりというのも起こったわけです。昭和三十九年は、覚えておられる方が多いと思いますけれども、新潟で国体が開かれた年で、しかもこれはオリンピックの年でございまして、本来なら秋にやるべき国体を夏にやったわけです。天皇陛下にもおいでいただいて、お帰りになった後、地震が起こってしまったと。これは順番が違ったら大変なことでございましたけれども、国体も無事に終わって、天皇陛下も無事にお帰りになって、オリンピックも秋には無事東京で開かれたということになりました。忘れることのできない大災害で

新潟地震(昭和39年)

した。

アパートが倒れたり、あるいはクイックサンド（流砂現象）という、要するに地面の下で地下水の高いところでは、地盤が液状化して重たいものが倒れてしまうということが、この段階で非常によくいわれたのです。昔からあったのでしょうけれども、学会で大変問題になって液状化対策、建物や土木公共物にも液状化対策というのが必要で、何メートルか深いところまで杭を打たなければいけないということが分かってきたのです。タンクの炎上もそうでした。タンクが揺れることによって出火するわけですが、現在のタンクはそういったことにも対応できるように改善されています。そういう意味で、新潟地震は災害の先進的な事例を残すことになったわけです。ですから、新潟はこの後の復興に関しては、液状化対策をした公共施設の整備が非常に進んでいったと考えていいと思います。

平成十年に、私はちょうど市長をやっておりまし

8・4豪雨水害（平成10年）

て、それまで新潟で降った雨の最大雨量というのは、時間雨量五十三ミリだったのです。大変な大雨です。気象庁が時間雨量二十ミリを表現するときに「非常に激しい雨」という言い方をします。ところが、平成十年の8・4水害というのは、過去の大雨記録を倍上回る、時間雨量九十七ミリという信じられないような大雨が、しかも朝方に降ったのです。そのためにあちこちで浸水被害を起こしました。この写真は大堀幹線の状況ですが、腰のあたりまで水がきて、自動車が使えなくなってしまった。この時も被害状況の分布を見ますと、先ほど砂丘列の図面をお見せしましたが、砂丘と砂丘の間に非常な浸水被害が起こった。床上浸水というのは、そういうところに起こっているわけです。

これは信濃川や西川の堤防が切れたわけでもありません。これはまちの中に降った雨が吐け切れなくなったのです。これを内水被害と呼んでいます。破堤などによって川からの水で被害が出てくるのは外水被害と呼ばれています。川の堤防で守られている市街地側を堤防の内側といいます。降った雨がたまって、下水などが吐け切れなくて詰まってしまうということなのです。百年から百五十年に一回というような大雨だと思いますけれども、そういう被害に遭ってしまった。こういった対策のために下水道、道路の下に川を造るような、人が歩けるほどの大口径の下水管を入れたり、それを川へ排出するための排水ポンプを造ったり、あるいは後で図面をお見せしますけれども、それぞれのお宅でも水を流さないで一時的にためたり、雨水を浸透させるというような施策の展開をしているわけです。

これは、大河津分水上流右岸で破堤した場合の最大の浸水深図です。このときの雨は百五十年に一回の確率で降る雨を想定しています。川に流れる水の量は毎秒一万一千㌧、およそ三分でビッグスワンをいっぱいにする量です。ちなみに正確な記録が残っている過去の最大流量は、昭和五十八年の毎秒約九千六百㌧です。この雨によって、赤いところは三㍍以上の深さの水がたまるだろうという想定で、被害総額は三・四兆円を想定をしています。ですから、大河津分水というのはいかに大切であるかということが分かるかと思います。幸い新潟側への洗堰というのは造り替えていただきましたので、本当によかったと

最大浸水深図

思いますが、昭和五十七年の洪水では旧洗堰の右岸側で漏水があり、危ない状態だったのです。それを直していただいて、今は丈夫なものになっています。

次に関屋分水、ご承知のように、県の事業で始めた関屋分水路が昭和四十七年に完成しています。途中、新潟地震があったりしたために、国にお願いして最後は国にやっていただいたわけですが、その関屋分水がなかったとしたら、一昨年の7・13水害でどこまでいっただろうかということを表した被害図がこちらです。新潟の中心部が二メートルから五メートルの水深になるという予想で、本当に大変な被害が出るだろうということが想定されます。関屋分水工事のおかげで、私どものまちの安全が保たれているということを、よく皆さんに再認識していただきたいと思います。

7・13水害における関屋分水の効果

もう一つ付言しますと、画面左下に鳥屋野潟がございますが、鳥屋野潟にマイナス二・五メートルの一番低いところがあり、ここに水が全部集まってくるわけですが、その鳥屋野潟の水を信濃川に抜くというポンプ場の工事を平成十年の水害の後にやってもらい、完成いたしました。鳥屋野潟周辺の地域もそういう意味では、安全度が増したといえると思います。

私は学校町に住んでいたと申し上げましたけれども、左の写真がかつての信濃川で、競馬場もありました。下の写真が現在の状況で、信濃川をまっすぐ抜いて関屋分水路を造り、ここに洪水のときには水を流す。普段は堰を閉めておりますが、洪水のときは堰を開けて流すということで港が安全、また、まち全体が守られているということです。これをよく見ますと、写真の競馬場上右側に小さな水面が見えておりますが、これは関屋堀割といわれた堀割で、昔、江

関屋分水の開削前後

戸時代の末期だと思いますけれども、坂井輪地区の農民が海へ早く水を抜いてこの地域の水田耕作を安全にしたいということで自力でこれを掘ったのですが、大事業だったと思うのですけれども、残念ながら一年で砂に埋まってしまい、機能しなかったのです。私たちの先人たちはそういう大変な努力をしながら、水抜きの作業をやってきたのです。今回の関屋分水もちょうどこの地域を通って、近代的な技術を駆使して関屋分水を造っていただいたわけです。そのおかげで新潟は平成十六年の7・13水害から守られたのだということも、また再認識する必要があるのではないかと思います。少し歴史的な話になって、個人的な思惑も入りましたけれども、新潟のまちづくりをちょっと振り返ってみました。

鈴　木　六千年前の笹山前遺跡まで遡ってのお話で、途中昭和六年の地図にもありましたが、潟だらけというか、陸地の面積と水面の面積のどっちが多いか分からないほどの地図も見ました。時々昔の人の紀行文を読むのですけれども、新潟のまちへ南から来る人は信濃川を下ってきますし、松尾芭蕉もそうだといわれていますが、北からの人も途中から葦沼の中を小さな舟に乗って入ってくるわけです。先ほども申し上げましたが、信濃川水系、阿賀野川水系の水の上に浮かんだような土地、そこにまちをつくっていくということがどんなに大変だっただろうと。海岸決壊の話がありましたけれども、あれも信濃川の水との闘いのために大河津分水を造って、それによって排出される土砂が少なくなったということが大きな原因の一つでしょうし、どんなに工夫しても水との闘いは終わらない、それから逆に水から得る恵みを生かしながら、それがなければ湊まちであり得なかったわけですから、利益を得るのと裏腹の、闘いの歴史があったというお話だったと思います。シンボルがないというお話をされましたけれども、そうなれば信濃川をシンボルにするしかないということで、長谷川さんが市長時代に取り組み、今なお進んでいるまちづくりということで、引き続きお話をお願いいたします。

川の機能・景観と親水空間の活用

長谷川　今ご覧いただいたように、いうなれば新しく合併した政令都市・新潟というのは、この地域全体が一つの運命共同体なのです。信濃川、阿賀野川が暴れますと、平野全体が水に浸かってしまう。そういう意味で、昔から越後平野の運命共同体としての地域性のようなものは、共有していたのではないかと私は思うのです。しかも砂丘ですから草木も生えない。内側を守る、そしてそこに畑を耕すということで、だんだん人間が定着できるようになってくる。いうなれば、人工によって土地を居住できるように開拓してきた、そういう歴史をこの越後平野の人たちは持っているのではないかと思います。港一つにしても、水勢を抑えるというのは大変な大事業だったわけですけれども、皆さんの努力で一歩ずつ立派なものに造り替えてきているなと思います。中でも、大河津分水によるところは大きい。それによって地域全体の安定がもたらされて、そこに富の蓄積がある。例えば農業生産物は何倍かになっているわけです。トラクターが田んぼの中に入るような、かつての水田では考えられないようなことが、今は乾田化によって行われるようになっているわけですから、そういう意味でも平野の生産性が上がる。そして居住の安定性が増すという意味でも、大河津分水の事業というのは大変な事業だったと思います。

　では、次に新潟のまちづくり、いよいよ現代版になってくるわけですけれども、川との結びつきで新潟のまちをどうつくっていくかということを少しお話ししたいと思います。

　この図は、信濃川のやすらぎ堤の状況、木

やすらぎ堤の標準断面図（緩傾斜堤防）

新潟らしい優れた都市景観をつくりだしているやすらぎ堤は、平成10年度新潟市都市景観賞を受賞しました

やすらぎ堤

があまり大きくないところを見ると少し前の図面ですけれども、信濃川のリバーフロントにこれだけの人がたくさん出てきております。やすらぎ堤は緩傾斜堤防という、緩やかな傾斜の堤防でできています。それは何かというと、五分の一堤防、五メートル行って一メートル上がる、車椅子でも動けるような緩やかな傾斜です。全部芝生になっていますから、大変大きな緑の空間が川の堤防に出来上がってきています。これは堤防を強化するために造った堤防なのです。というのは、信濃川を深く掘りまして、水がたくさん流れるようにする。しかも、その泥を積み上げて堤防を高くする。水の断面が大きくなって、加えて堤防が高くなるわけですから安全性が増すわけです。こういう治水事業を国の直轄事業でやってくれています。信濃川は日本最大の川ですから、当然国の直轄事業です。直轄事業で、これだけの立派な事業をやっていただいている。しかもそこに緩傾斜堤防というのを取り入れていただいた。これは日本で初めてなのです。緩傾斜堤防であるおかげで、人々はここに憩うことができる。憩いの空間としての緑のスペースがまちの真ん中にできたということになります。まちの中にこういう緑の空間を造る治水事業を心がけていただき、大変大きな成果を挙げているわけです。しかも、まちの中心部ですから、本来であればヒートアイランド現象が出るようなところなのですけれども、大きな水面があるおかげで、温度を低下するのにも効果を果たしているのではないかなと思います。

　図に茶色で書いてありますが、堤防内側に土をさらに盛りまして、そこに桜とか柳の木を植えている。これは新潟市の公園事業でやっています。なぜこんなことをやっているかといいますと、皆さん加治川堤防の決壊の話をよく聞かれると思いますけれども、かつては堤防に木を植えたのです。ところが、堤防に木を植えますと根っこが下に入ります。そうすると、普段は何ともないのですが、洪水で水位が上がりますと、そこに水圧がかかります。その水圧で根の部分に浸水して堤防に水が入り、堤防が弱くなって堤防が崩れるということなのです。ですから、加治川の桜はみんな切らざるを得なくなり、新しくできた堤防にも木を植えていないわけです。やすらぎ堤の場合は、内側に土を盛って木を植えて、この根っこが堤防を傷めないようにするということで国の方にお願いして、ここに公園造成をさせてもらったのです。桜とか柳を植えて遊歩道にした、その中に新潟県の事業でサイクリングロードを造ってもらったということで、国、県、市が一体となって、信濃川の最下流の堤防を強化する。しかもそこに、都心に緑の空間を生み出すという事業を一緒にやらせていただいたわけです。それで今、ここで市民の皆さんがたくさん憩うような状況をつくっていただいているわけです。

鈴木　私は新潟に来たのは三十年前で、それまでは金沢の犀川や浅野川を見てきたのですが、信濃川は矢板を打ち込んだような護岸で、これは川ではない、でっかいどぶみたいだなと思ったのが記憶に残っています。それから見たら、本当に変わりましたよね。

長谷川　変わりましたね。私は国家公務員をやっていた経験からいくと、昭和三十年代というのは国全体が貧乏でしたから、機能を満たせば十分だ、ゆとりのある空間整備なんてとんでもない、矢板を打って水が流れればいいじゃないかと、それを会計検査院に査定されまして、贅沢なのは全部切られるという状況でした。国全体がそうだったのです。今ようやく少し良くなってまいりました。やすらぎ堤の画面の断面図に粗朶沈床《そだちんしょう》と書いてありますが、これは里山の木を組んだ粗朶沈床という床を護岸の一番下の階段下に入れたものです。これはオランダの工法なのですが、これで水勢を弱めると同時に、小魚がここに卵を産むのです。卵を産んで小魚が育つ。まさに自然に優しい、一番進んでいる工法といってもいいのではないでしょうか。新潟の信濃川の両側にこれをやっていただいているわけです。

　やすらぎ堤は、ご存じのように大変よく利用されております。若い人たちも朝の散歩

やすらぎ堤の利用状況

に、昼には子どもたちが課外授業や部活動などでやすらぎ堤を利用していますし、それから南高校でしょうか、ボート部がボートを漕いでいるという姿を眺めながら散策できるというのは素晴らしいと思っています。季節の花々にも、白山小学校の生徒が植えたチューリップなどがあり、住民参加でこういう素晴らしい空間をつくり出していると思います。

また朱鷺メッセのシンボリックなタワーができています。萬代橋も国の重要文化財に指定され、新潟を代表する空間になってきています。

市民芸術文化会館については、素晴らしいものを造らせていただいたと思っています。対岸から見ると、桜の木が随分大きくなりました。

市民芸術文化会館

市民芸術文化会館を少し自慢させていただきたいと思いますが、市民芸術文化会館ができたのは平成十年です。その前はどういう状態だったかというと、昭和大橋がありまして公会堂、音楽文化会館が既にできていました。明鏡高校もありました。写真にあるテニスコートは十二面ありますが、観覧席がないので大会が開けなかったのです。こういった施設で土地利用されていたものを全部移転するという大事業をやったわけです。既成市街地の中でものを造るというのは、既存の機能の代替施設を造らなければならないという大事業をも伴うのです。ですから、相当周到な準備をいたしました。議会にも特別委員会をつくっていただいて、何年も議論していただいております。私が助役の時代からですから、十何年という時間をかけてやっているわけです。

白山公園は、明治六年に日本で最初に指定された都市公園で、由緒あるものです。少し規模が小さく、一・八ヘクタールぐらいしかないのです。これは古町に真っすぐつながっているという都心の公園で、この一帯全体を新潟のセン

セントラルパーク整備前

トラルパークとして整備しようという構想が持ち上がったわけです。そのための準備をいろいろしました。積み立てもいたしました。十年間で百億円ぐらいためています。そういった準備をしながら、いろいろ取りかかっていったわけです。

そして完成後には、白山公園に隣接して、市民芸術文化会館ができました。設計については海外も含めて公開コンペで大変多くの応募作があったのですが、長谷川逸子さんという一流の女流建築家の案が当選し、その方に施設周辺も含めていろいろなアイデアをいただきながら整備を進めていったのです。県民会館とも連携するようにしました。一番の特徴はバリアフリーにしたことです。古町から入ってきて、車が一切この中に入らない。NHKの方に行く道路は半地下にして、その上に丘を造って、桜の丘にしたのです。地上レベルの駐車場が広場の下に

セントラルパーク整備後

あるのです。その上を緑地帯にして、イベントが開催できるようにしている。人は、こういうスパゲティみたいな通路ですけれども、ここを歩く。そうすると、ここにケヤキがたくさん植えられていまして、今はケヤキの木も大きくなりましたので、ちょうどケヤキの梢に触れんばかりにしながら通路を歩くことができるのです。ですから、幼稚園の遠足などでも本当に安全なのです。信濃川のやすらぎ堤から白山公園までの一帯を車と出合うことなく、安全に楽しむことができるようになりました。この市民芸術文化会館というのは、私に言わせればお城を造るような気持ちで造っていたわけですが、歌舞伎のできる花道がある劇場、講演会ももちろんできます。それからコンサートホール、これは東京のサントリーホールと同じような大変音響のいいコンサートホールになっていますし、能楽堂を加えています。新潟は能が全国的に見ても大変盛んなところです。しかしながら、佐渡にはたくさんあるのですけれども、新潟市内には本格的な能楽堂がなかった。そんなわけで能楽堂を造らせてもらいました。それら全部を、新しいいろいろな技術も工夫して取り入れながら一つの中に設計していただいた。実は私の大きな自慢の一つを申し上げますと、信濃川のやすらぎ堤と市民芸術文化会館をつなげる川沿いの道路を、立体化しているわけです。つまり芸術文化会館を出てきた人が、そのまま車に出合うことなく信濃川のやすらぎ堤に行けるということになります。信濃川とこの地域とを一体化し、直轄の堤防に穴を開けて基礎を打ち込み、こういうテラスを造ったと、これもおそらく全国初めてのことだと思いますが、そういうご協力をいただいて、この地域全体のバリアフリーが出来上がっているわけです。そういう意味で、川面とこういったセントラルパークが一体化した場所になったと思っています。

陸上競技場は、新潟国体をやった時の陸上競技場です。天皇陛下がお見えになったところです。これは都心の集まりの場所として大変貴重ですし、災害があったときにはヘリコプターも降ります。いろいろなことに使えますのでこれは残すべきだと思っています。体育館は大変古くなりましたので、いずれ建て直さなければなりません。このとき、全体を含めたセントラルパークとしての構想を、これから整備していかなければならない部分があるわけです。サブグランドの活用、体育館の活用、将来は県民会館をどういうふうに使っていくか——これは新潟地震の記念の建築物です。体育館は新潟地震の前からあって大変老朽化しています。そういうことは現代の我々、次の世代かもしれませんが、これから考えていかなければならない課題だと思っています。

芸術文化会館に植えた桜は小さかったのですけれども、今は大きな木になっておりまして、もう建物が見えないくらい成長しております。桜の名所になっていますから、来年の桜はこの辺に寄っていただくと大変いいと思います。

建築家の長谷川逸子さんのご提案で、芸術文化会館の周囲には水面をたくさん造ってもらっています。この中にも水面が造られたりしていますから、この中にも水の流れがあったりするのです。きめ細かい工夫をしていただいていますから、この夜景も楽しめる。遊歩道は芸術文化会館で催し物があったときに、その後、アフターシアターというのでしょうか、劇場を見た後、そ

新潟市民芸術文化会館（りゅーとぴあ）

新潟市民芸術文化会館（内部）

ぞろ歩きをしながら古町に流れていくという動線が、大変楽しい空間になっていると思います。

屋上は上がれるようになっていまして、周りをぐるっと回れます。回ると弥彦山、角田山が見えるのです。真ん中にちょっとした食堂がありまして、散歩道の団子屋みたいなものですけれども、ここで軽食を取って散歩をすることができるという形になっています。

ホールの紹介をいたしますと、能楽堂は檜の香りがいたします。花道のある劇場では、歌舞伎ができます。左上はコンサートホールです。これらの施設は国際的なエンターテイナーといいますか、新潟が国際的に文化を発信する場として、これからも市民の方々からどんどん活用してほしいという気持ちで大変〝質〟のいいも

新潟市庭球場（テニスガーデンにいがた）

のを提供していると思います。二階にレストランがありますが、ここから信濃川を眺めながら食事をすることができます。

整備以前にテニスコートがあったと言いましたけれども、大形の方にテニスガーデンにいがたという新しいテニスコートを造りました。観覧席があり、全国大会が開催できます。

もう一つ信濃川沿いに、新潟市郷土歴史博物館を造りました。明治の初めに五港開港で新潟が開港した時の税関が重要文化財として残っており、これは新潟にしか残っていないものですが、そこに隣接して信濃川岸までの用地を買収して新しく歴史博物館を造ったのです。その周りに第四銀行住吉町支店という昭和の初めの建物を移築しました。鉄筋コンクリートの完全移築はこれが初めてではない

新潟市郷土歴史博物館（完成予想図）

かと思いますけれども、大変立派に移築することができました。歴史博物館は現在出来上がって、夜はライトアップもされています。これは「郷土の歴史を知ることが、郷土を愛することにつながる」というテーマの下に造られていまして、水との闘いの展示があります。私

歴史博物館整備後の様子

歴史博物館周辺の整備図

が今日、お話ししている話の内容も、ほとんどこの中でご覧になることができます。

ここに平成三年の整備前の写真があります。旧税関がありますが、周りはこのように民地として使われていました。これを皆さんにご協力いただき全部整理させていただいて、ここに新しい歴史博物館を造ったわけです。今、県の事業で河岸に遊歩道を造る工事をしていますので、周辺が更によくなると思います。

歴史博物館の配置をご覧ください。信濃川をはさんで、ちょうどこの向かいに佐渡汽船の船着き場がありますが、歴史博物館から船が船首をめぐらすような風景が見られます。湊まちに来ているのだということが分かる、そういう意味でも、いい場所にすることができたと思っています。

次に、柳都大橋です。これも直轄の事業でやっていただいた大事業でした。市民にアンケートを取りながら、流線形のデザインを決めていただきました。歩くと分かると思いますが、バルコニー

柳都大橋

が途中にあります。そのバルコニーをぜひ造ってほしいとお願いしました。できれば、このバルコニーから水面を見たときに魚影が見えるようにしたい、それくらい川の水がきれいになるといいなということです。実はここにはアユが上っているわけです。サケもたくさん上っているのです。ですから、そういう姿が見えたら素晴らしいなと思うのです。仙台の広瀬川に行かれたことがある方は分かるかもしれませんが、アユが上っています。新潟の信濃川にもせっかく上っているのですから、魚影が見えるようになったらいいなと思っています。

朱鷺メッセのタワーは、県の事業で日本を代表する建築家の槇文彦先生の設計です。国際会議場があります。最近では新潟アルビレックスBBのバスケットの試合もここでやるようになりましたけれども、新潟で一番動員できる集会施設になっていています。素晴らしいものを造っていただいたと思います。これも新潟の信濃川の景

朱鷺メッセ

観を素晴らしいものにする大きな要素になっています。また県の事業で港に沿ってデッキを造って、人が憩うような場所づくりをしています。湊まち新潟で、港に近いところに人々が憩える、そういう場所を今造っているわけです。

国際会議場のあたりに蒲原の津があったのではないかという小林昌二教授の説が最近出てきています。残念ながらこの工事をやったときには形跡がなかったのですが、この辺にあったのではないかといわれています。

先ほど内水被害のお話を申し上げましたが、降った雨が全部下水道に流れ出す。つまり道路の舗装が進んだり家が立て込んできたりすると、屋根に降った雨が全部下水道に流れます。舗装した面から下水道に入ってしまうと、下水道の管が容量を超えてしまいます。また、下水道から流れた水を、川に流し入れるポンプの排水能力も超える。そうすると、内水の被害が出てしまう。そこ

内水対策・雨水浸透ます

で、屋根から降ってきた水はできるだけいったん自分の庭の中に浸透させ、余った水、浸透しきれない雨水を下水道に流れるようにするという「浸透マス」という事業をやっています。これは新潟が全国に先駆けてやっているわけですけれども、一基約二万円の費用を市が負担します。これは、ほぼ全額に当たります。そういった形で市民の皆さんのご協力をいただいているわけです。それによって平成十年の8・4水害のような時間雨量九十七ミリというような大雨でも、床上浸水しないという対策に強化をしているわけです。まさにこういったことは、市民の協力がなければいけません。駐車場を造って全部舗装されますと、今までそこに浸透していたものが、全部流れ出るようになってしまうわけです。自宅の駐車場は小さい面積でも、それが集まると大変な量になってしまうのです。ですから、降った雨はなるべくいったん浸透させてから余った水を流すようにしますと、雨の対策は飛躍的に強化されるだろうと思います。

鈴木　人工でなければ保たれなかったまちというのですか、人工によって発展の基盤をつくってきたまち、信濃川の恵みを受けつつ、川との闘いの歴史でもあった新潟のまちがようやく潤いというか、川の魅力を楽しむことができる時代になってきつつあるんだなと感じました。

水都・新潟を現代に再成

鈴　木　また今回さらに幅広く、信濃川、阿賀野川水系の地域として運命共同体にあるエリアの十三市町村が一緒になってつくる、新しい田園型政令都市。これもまた新しいタイプのキャッチフレーズということですけれども、そういうまちをこれからつくっていくための課題は何なのだろうか、その中で水都といわれる信濃川、それから信濃川水域のさまざまな潟、それから海辺、そういったものをどう生かしていったらいいのでしょうか。

長谷川　冒頭に土地の固有条件、社会的要請、そして技術的水準ということを申し上げましたけれども、現代の社会的要請といえば、やはり高齢化社会に対する対応が欠かせないことだと思います。潤いの空間というものを人々が求めるようになった。信濃川の川べりは、かつては材木問屋の船が着く場所、筏のつなぎ場所だったわけです。今はそういう意味では、生産の場から潤いの場に変わるという、社会的な需要が非常にある。週休二日制ということは昔は考えられなかった。今は、土曜、日曜に子どもを連れて近くを散歩する。あるいは定年後もですね。昭和の初めの平均寿命は四十三歳でしたが、それが今では八十歳近くまで伸びた。ですから六十歳で定年になっても、定年後二十年もあるわけです。この間をいかに充実した人生で生きるかということになれば、健康空間あるいは文化的な空間、そういったものへの憧れ、そういったものの必要性が、昔に比べてものすごく大きな量で拡大しているると思わなければいけません。まちづくりには、そういう健康空間、文化空間をいかにまちの中に造っていくかということが、非常に大きな課題になると思います。

それからもう一つは、自然との共生というテーマです。これだけ多くなってしまった私ども人間という動物が大自然の中の一つとして生きていくためには、自然との共生が非常に大事だと認識されるようになっています。まちの中にいかに緑を取り戻していけるか、緑の中で健康な空間を過ごすか、なるべく身近にそういう空間が欲しいというのが現代の社会的要請だろうと思います。そういう意味で、少し努力した点を申し上げたいと思います。

これは湖の最適の例ですけれども、鳥屋野潟の南側にできたビッグスワン（現東北電力ビッグスワンスタジアム）。これは県の事業でやっていた

新潟スタジアム（現東北電力ビッグスワンスタジアム）

だいたのですが、ちょうど二〇〇二年のワールドカップサッカー大会に間に合うように造っていただいたものすごい施設です。最初は陸上競技場を造るということでやったわけですけれども、ご承知のように鳥屋野潟の周りというのは県立の公園になっているわけです。新潟県で第一号の県立の公園なのですが、施設が何もなかった。そこにこういう陸上競技場を最初に造っていただいたのですが、ちょうどワールドカップを日本に誘致しようという全国運動につながりまして、新潟も立候補して開催十都市の一つに選ばれたわけです。その理由は何といっても、ビッグスワンというものが大会に間に合うことでした。しかもビッグスワンは計画段階だったので、ワールドカップサッカー大会が開催できるような仕様に造り替えることができたのです。三万五千席以上の席数とか屋根の架かった席が何分の一以上なければならないなどのＦＩＦＡの厳しい基準があったのですが、それを満足する形で造ることができた。土地改良区の皆さんのご協力をいただいて、鳥屋野潟南側の、かつての葦沼の水田地帯という広大な土地を公共で取得することができたと、こういうことが非常によかったと思います。

これは対岸から見ると、ものすごいインパクトのある建造物になっています。またビッグスワンの中の方から見ますと、逆に今度は鳥屋野潟が自分の庭のように見えるわけです。今度ビッグスワンに行かれたら、ぜひ、上から眺めを見ていただきたい。世界にこれほど立派な競技場はないと私は思います。世界のどこに出しても恥ずかしくない競技場です。県という、市よりも大きな財布で造っていただいているので、立派なものを造っていただいたなと思っています。

こういうふうにして湖の周りをなるべく公有化して、こういったゆとりのある施設で使うということは、大事なことだと思います。これは鳥屋野潟の水面を非常に生かしているという意味で、私どもの財産になっていると思います。

鈴　木　日本で何か所か会場がありましたけれども、これだけの水辺空間に隣接したスタジアムというのはここだけですか。

長谷川　もちろん日本ではここだけです。世界で見てもこんなところはないと思います。これだけ大きな鳥屋野潟全体がビッグスワンに付随した公園のように見えますから、大変なことだと思います。

鈴　木　亡くなられた佐野藤三郎さんが高速道路のところで線を切って、そこよりも新潟市街地寄りは公共のためにみんなで土地を提供するのだということで、この基本計画の段階から協力いただいていたと私も記憶しています。

長谷川　長く亀田郷土地改良区の理事長をやられた佐野藤三郎さんは、司馬遼太郎さんの小説にも出てまいりますけれども、本当に男気の強い人で、長年、亀田郷の赤字の土地改良区を支えて黒字にされてきました。その佐野藤三郎さんのご協力もあって、この地域全体を公的利用にしようということで、しかも土地の価格も全部統一価格なのです。すごい協力をいただきました。ですから、県もこれだけ大きな土地を買うことができたのです。テルサの土地も亀田郷の土地改良区から買わせていただいた。この土地はいろいろといわく因縁があり、一度は県庁にしようかという話があったのですが、県庁が新光町に行ってしまったものですから、どうするかというので市が買い取って使わせてもらっているわけです。

今日の会場、テルサの隣に新しい市民病院を建設中ですが、これもこの土地の開発の一環です。バイパスや高速道路のインターチェンジのすぐ近くですから、政令都市・新潟の中心病院として利便性も高い、しかも病気の人にとっては、こういった水と潤いの眺めがあるということは、回復に大変効果的だろうということです。間もなく完成いたします。

新・新潟市民病院

逆に新潟の西側、角田山の麓にある佐潟《さかた》という湖ですが、ハクチョウが飛んできます。夏はオニバスも生えます。ラムサール条約というのをご存じかと思いますけれども、渡り鳥がいろいろな国を渡りながら南北を往復しているのです。シベリアの北から、また南から来る鳥もいるわけですけれども、とどまろうとする環境が崩れますと鳥が渡れないわけです。各国が共同して渡り鳥の環境を守りましょうというのが、ラムサール条約です。佐潟は日本で十番目に指定された場所で、ハクチョウの飛来地です。当時、これが指定された時は、国内では一番大きな都市の中のラムサール条約指定湿地ということで、たちまち会長市にさせられました。しかし、喜んでばかりもいられません。この環境が保全できる対策が講じられているかどうかということが問題なのです。水質を守る、それから土地の周りが乱開発されないように土地を購入するとか開発規制をすると

佐潟

か、いろいろな条件を揃えてラムサール条約に指定された湿地帯なのです。こういった湿地をこれからも増やしていかなければならないと思います。大事なことは、ハクチョウがここをねぐらにしています。雪が積もると下の水草の根っこを食べたりして暮らすわけですが、普段はどうしているかというと、佐潟から飛び立って、昼間は越後平野で米の落ち穂を食べています。つまり政令指定都市の中で落ち穂を食べている。ですから、これが政令都市になったときに越後平野の土地利用をうまく誘導して、ハクチョウが暮らせるような平野全体の環境を保全していかなければいけないわけです。そういうことがこれからの政令都市の大きな一つの課題だろうと思います。ハクチョウが来なくなったのでは、せっかくの雄大な自然と共生しているという魅力がなくなります。佐潟の近くに行きますと、飛び立つときの羽音、帰ってくるときの羽音が耳のそばで聞こえます。しかも家族で飛んだりしますから、野生の家族愛というのに接することができます。素晴らしい景観が新潟に残っています。江戸時代からハクチョウは保護されていたのです。そういうことをぜひ、これからも次の世代につなげていかなければならないと思います。

鈴木　今年がラムサール条約指定のちょうど十周年に当たるということで、十二月に記念のイベントが行われます。鳥屋野潟という従来の新潟市民の憩いの場があり、さらに佐潟が十年前にラムサール条約という自然の宝庫としての認定を受けた。さらに、今の福島潟は半分ぐらい干拓されていますけれども、それも広大な新潟市の中に入り、その三つの潟を合わせて潟と都市との関係のあり方を考えようというイベントが十周年を記念して十二月に行われるということで、楽しみにしています。

長谷川　非常にいいことですね。野生の鳥がすむ環境の、少なくとも現状が守られる、またこれからどんどん政策的な方策で改善されるという段階でラムサール条約になりますから。鳥屋野潟は残念ながら水質がまだまだ不十分なので、水質の改善を図る。また公園の指定はしたけれども、まだ用地買収ができていないなど、いろいろなことがありますから、そういう準備をしてぜひ、ラムサール条約に指定されるような水準にまで高めていったらいいと思います。

今度は、海岸の方の話になりますが、新潟西海岸のすぐ後ろの松林の中に遊歩道を造ってお

思索の道

りまして、道路との交差のところは立体化して、橋の上には土を盛って土の道をずっと歩いて行けるようにしていています。思索《しさく》の道《みち》という名前がついていますけれども、ぼんやり歩いていても車にぶつからない道で、新潟島を一周できるように造られています。関屋分水路のところも、今行ってご覧になると緑になっています。かつては、ただのコンクリートの道だったのですけれども、今は全部芝生になっておりますし、灌木も植えています。そういうところと海岸の松林の中の道がつながって、新潟島を一周できるような思索の道というのを造っているわけです。車が通らないのに橋を造るなんて何だと言われたことがありましたけれども、まさにこれは人専用の道路でございまして、運動部の学生さんたちが走ったりして体力強化しているようですけれども。

鈴　木　最近はタヌキも多いようです。

長谷川　タヌキは人間の近くにすむのです。化かされな

新潟駅周辺整備模型

いように。猿が出たこともありました。猿もいろいろなウイルスを持っていますから、危ないのです。

鈴　木　でも、角田山系からそれだけ緑のベルトがつながってきたということなのでしょうね、松林まで来られるということは。

長谷川　そうですね。食料もあるということでしょうね。

新潟駅の再開発では新潟駅を立体化しようということで、在来線が新幹線並みの高さに上がってくるわけですけれども、これも公開コンペをいたしました。当選案を見ますと、駅に緑の空間を造っています。これは都市計画決定が終わって現地事務所をつくりましたので、これから現地で詳細説明、用地買収へと入ってまいります。大変楽しみな事業です。今までは県の事業だったのですが、今度政令都市になると政令都市の事業、分担関係をどうするか議論の最中だと思いますけれども、いずれにしても県の協力をいただかないといけないと思います。

次は、「NPO法人堀割再生まちづくり新潟」が行っている市民運動のイメージ図です。西堀とか東堀とか、一六五五年の明暦の町建をやった時のような堀割を復元すべきではないかという運動です。こういうふうに立派な絵を描いて、市民のイメージアップを図ろうとしているわけです。これにもいろいろ解決するべき課題はありますが、まちの中に堀があったわけですから、堀に対する愛着も非常にあります。昭和三十九年の新潟国体のためにこういったものを埋めてしまいまして、堀の中に管渠を入れて、上に蓋をして自動車道路になっています。ですから、現代の自動車交通のためには大変有益な道路として機能しているわけです。一六一七年、一六五五年の明暦の町建のお話をちょっと申し上げましたけれども、あの堀割というのは港に入った船からはしけで荷物を運んでくる、要するに交通路としての役割が非常に大きかったわけです。その交通路としての役割を、今は道路が代替しています。ですから、いうなれば道路が昔の堀割の役割をしているのです。そういったところで昔のような堀割の復元ができないだろうかという提案なのです。道路には車も通していますから、車をシャットアウトするわけではない。車の交通の確保を図りながら、しかも昔のような潤い豊かな空間がまちの中にできないだろうかという期待を込めた提案をして、これから皆さんといろいろ議論を深めましょうということだと思います。

堀割復元イメージ

この絵を見ただけでも、いくつか議論していかなくてはならない点があります。例えば、ここはゼロメートル以下地帯で、川の水は流れないわけです。ですから、ポンプで汲み上げて水を流し、循環させなければなりません。それから現在は、車道としてたくさん交通量がありますから、その交通量をさばけるかどうか、あるいは別のどこかに代替の道路ができるかどうかという問題があります。しかも両側に建っている建物というのは、道路を前提にして建っていますから、お医者さんにしろお店屋さんにしろ、お客さんは車で来ます。そういうお店を開いている、あるいは事務所を開いていらっしゃる皆さんにとっての利便性の代替ができるかどうかということです。一つの解決策のよりどころとして、西堀にしろ東堀にしろ、道路の中に駐車帯があります。路上駐車帯というのは、今はビルの中に駐車場がいっぱいできるようになりましたから、ああいう路上の駐車帯は道路にはいらないのではないか、そうすると、その空間は潤いの空間として活用できるのではないかということが端的に考えられます。それはまさに住民の皆さんの知恵の出しどころというか、道路を利用している人たちとの協力関係を、いかに築くことができるかということだと思います。道路を頼りに営業している方も、たくさんおられるわけですから。

それから、右下のイメージ図も同じことだと思います。少しモダンなタイプの堀割の復活の提案ですね。これは積極的にバスでどんどん交通処理をやってしまおうということでしょうか、自家用車を入れないでモールでやろうということかもしれませんが、そういうことをやっている都市もありますから、各地の都市の例なども調べながら、新潟ではどういうことができるのだろうかという研究を、これからやらなければいけないと思います。

郷土資料館の脇に、小さいながら早川堀というのを一部復元しています。こういうものが都心にあるかどうかで随分感じが違うだろうと思います。今の場所では、利用者は少ないかもしれませんが、まちの真ん中にこういった緑の空間を提供するという意味では、非常に潤いのある空間になっていると思います。この早川堀をずっと延ばしていきたいということも可能性があるかもしれません。道路は駐車場として使っているのはもったいないです。やはり駐車場はビルの中に入ってもらって、民活で営業できる部分があるのではないかと。そういったことも含めて、地

早川堀の現状

元の皆さんとの話し合い、そして道路を利用している人との話し合い、そういった知恵の出しどころが、新潟のまちをこれから変えていく、いいきっかけになるのではないかと思います。いずれにしても、ボランティアで堀割の復活運動をやっている皆さんのエネルギー、まちづくりに対するエネルギーは大変なものです。それに対しては、高い評価をするべきではないかと私は思います。

鈴　木　先ほどの長谷川さんのお話にあったように、明暦の町建で造られた堀というのは、信濃川をまちの中に入れ込むことと同時に、港の機能を街中に入れた。堀沿いの問屋にとっては堀が桟橋だったわけですから、新潟のまちが水都であると。そして堀は水都としての非常に象徴的なものだったはずなのですが、時代の歯車がうまく合わなくて、高度成長の中の国体ということで全部埋められてしまった。

長谷川　それは国体に間に合うということもさることながら、堀自体がゼロメートル地帯で水が流れなくなってしまったのです。私の子どもの頃もそうですが川にものを捨てるという習慣があり、台所の屑を川に捨てると川が流してくれましたから、それが魚の餌になった。ところが地盤沈下で川の水が流れなくなってしまって、堀の中にたまったゴミが悪臭を発生するというような状況でしたから、早く堀を埋めてくれという市民の声もあったのです。

それから、江戸時代も堀の中には当然土砂がたまりますから、地域住民が集まって、いつからいつまで堀のここからここまで泥上げをやるよと、住民が堀の泥上げをしたのです。これから新しく造る堀にも当然泥がたまるでしょうから、そういう協力関係が、現代でもできるかどうか。私は、堀を掘るのに一つの公共性もあると考えているのです。なぜかというと、雪なのです。大雪のときに雪を海岸に運んだり、信濃川に運びますけれども、これを堀に入れれば堀の水が温かい、そこでもって溶かして流すことができる。今は雪が少ないですけれども、屋根の雪下ろしをしなければいけないような大雪の年がこれから必ず来るに違いない。そういうときに堀が掘ってあるということは、豪雪対策としても安全な条件を持つことになると私は思っているのです。それで今は、冬は雨が降らないので空いている下水道に、雪を入れるという実験をしています。海岸まで運ばなくても下水道管で解けた雪を運ぶことができるわけですけれども、堀があれば、それがもっ

海岸の珊瑚礁工法

と簡単にできることになります。そういう意味で、復元できる部分の堀を復元するというのは、非常に意味があると思っているのです。

鈴　木　堀割再生の話をすると、過去の堀を知っている方は、あんな汚いものをまた造るのかというお話をされるのですけれども、私は金沢なもので道が狭いですから、新潟ほどこんなに広い道路が縦横に走っている道なら、一つや二つ堀を掘ってもいいのではないかなと内々には思っているのです。先ほどのやすらぎ堤の話で、河川空間が単なる治水や利水という空間から、ある程度狭めたとしても潤いの空間を意識して造っていくということがあるなら、車や人を運ぶ機能だけで考えていた道路が、よりまちの魅力を高めるための空間として使われてもいいのではないかなという気もします。交通量の問題も、海岸道路が最近、みなとトンネルと直結されました。あれでかなりのものはさばけるのかなとか。あと、最近話題になっていますけれども、LRTとか、公共交通の活用などを考えていくと、いつかこんな風景が都心でも見られるようになるといいのかなと個人的には思っているのです。

長谷川　まち全体に堀を巡らすというのはなかなか難しい状況かと思いますけれども、部分的には十分あり得ると思います。昔のような大きな幅の堀でなくても、金沢市は小さな用水路をまちの中に流していますね、新潟でもそういうことができます。実は、白山神社の脇にも小さな水路を造っているのに気づいていらっしゃるでしょうか、あれはちょっと小さすぎて、憩いの空間というには物足りないかもしれませんが、でも、水が流れているというのは落ち着く空間になっています。そういう努力をこれからもあちこちで、できるだけのことをやっていくことがいいのではないかと思います。

新潟は、先ほど申しましたように、日本一市街地に近いところまで海岸浸食が進んだまちになってしまいましたので、消波ブロックで離岸堤を整備しているのですが、最近、珊瑚礁《さんごしょう》工法という素晴らしい工法を取り入れた海岸の浸食対策が進んでいます。これは珊瑚礁工法という名前の通りでありまして、珊瑚礁というのは太陽の光を受けながら、浅い海にずっと長く発達します。ですから、島の周りに珊瑚礁が幅広くずっと生えていくわけです。そうすると、大波が来ても珊瑚礁で波がくだけまして、渚にくる頃にはさざ波になるということです。ですからそれにヒントを得て、渚線から沖の方に、海の水面の下に堤防を造っているわけです。堤防の上をヨット程度の船が通れる、そういう工法なのです。これを新潟で初めて採用していただき、当時の運輸省と建設省両方でやっていただきました。新潟海岸に、いつの間にか消波ブロックの姿が見えないと思われる部分があるかもしれませんが、実はその下にこういうものができてきているということなのです。

これは、堤の幅があまり狭いと、波が越えていくだけなのですけれども、堤の幅が長くなればなるほど波がここでやわらぎ、さざ波になるのです。ですから、これを長くすると大変お金がかかるということです。消波ブロックにしても毎年少しずつ沈んでいくため上に重ねるのですが、これもお金がかかるので、こういう大事業は国でなければなかなかできないと思うのですが、新潟海岸は政令都市・新潟を守るという大事業を国によってやっていただいている。姿は見えないのですけれども、こういう大事業をやっていただいているのだということを皆さんにご理解いただけたらいいですね。これによって私どもの海岸の利用が、昔のように幅広い砂浜の中でいろいろなイベントにも使えるわけです。良くなるかなと思います。

鈴　木　最近、話に聞くのですけれども、そこでサザエとかアワビも採れるのだとか。

長谷川　消波ブロックのところにも意外にサザエ、アワビが採れるのです。夏は売り出しています。バーベキューなんかに最高です。私どもは「海に行く」と言うと、泳ぎに行くでしょう。ヨーロッパは違うのです。「海へ行く」というのを「ビーチに行く」と言うのです。ビーチ遊びが非常に盛んなのです。陽にあたりに行くわけです。ウインドサーフィンとかありますけれども、ビーチバレーをやったりして、そういうようにビーチで遊ぶという習慣が向こうにある。日本もだんだんそうなってきています。泳ぐのはプールで、海では広い空間のビーチで遊ぶということに、だんだん変わっていくかもしれないと思っています。

鈴　木　砂浜が少しでも復活すれば、そういう習慣になるかもしれませんね。今までは新潟の人は海岸で遊ぶとか、海で遊ぶというのに遠ざかってきたのかもしれませんけれども、本当にもったいないと思います。歩いて何分もかからないところでヨットに乗れる、水遊びもできるというところは、本当にないですよね。

長谷川　そうですね。スポーツカイトというのでしょうか、西洋式の凧揚げは、小針浜のあたりで随分盛んです。スポーツカイトとかウインドサーフィンとか、よく見かけます。

田園型政令指定都市を目指すということの一つに、農業生産をいかに上げていくかということが大きな課題だと思っています。お米も随分、おいしいコシヒカリができていますけれども、こういう新潟名産は、十全ナスの浅漬けとか黒埼の茶豆、内野のスイカとかたくさんあるわけですけれども、新潟ならではの食べ物を、私ども住民自身が評価して手に入れることが大事なのです。結局、篤農家がいくらいいものを作っても、売れなければ作られないわけです。一生懸命商品開発をしたり有機栽培をする篤農家と、消費者が

旧新潟市域での特産品

いかにネットワークしていくかということが、これから非常に大きな課題だと思います。それには、新潟市のほか商工会議所でも農協でもどこでもいいわけですけれども、これは皆さんにご推奨できる品物ですよと指定したときに、それを市民が買ってあげる。そういうネットワークをつくるということが、農家にとってものすごい励ましになるし、今後の大きな政策になっていくべきではないかと、そんな思いをしております。

　女池菜というのも古くからの伝統的な菜っ葉です。雪をかぶって柔らかい菜っ葉を食べる。ホワイト阿賀というテッポウユリは新潟で新しく開発されたユリで、ユリの球根の一片一片を種にして作ると一年で花が咲くという大変素晴らしい、これも技術開発の成果なのですが、そういったものを作り出しています。最近はイチゴの越後姫をロシアへ輸出するとか、いろいろな話が出てきています。つまりロシアだとか中国に購買力

旧新潟市域での特産品

がついてきている。購買力がついてきたところが、日本のおいしいものを食べたいといって、日本の農産物を輸入するというような時代になってきているのです。逆に私どものように新潟に住んでいる人たちが新潟の名産品を口にしないというか、普段食べているものなのであまり評価をしていないところがありますので、再認識をしながら新潟の名産品を育てるためには、私どもが新潟の名産品を買う、そしていいものを作っている農家を育てるというネットワークづくりが必要なのではないかなと思います。何しろ今度、政令指定都市新潟は、日本一の水田面積（二万六千ヘクタール）を持つまちになるのです。新潟の次は秋田の八郎潟の大潟町なのです。その大潟町（一万一千ヘクタール）の倍の水田面積を持っているのです。一位と二位で倍の差があるのです。そのくらい越後平野の水田というのは大きな面積を持っています。ですから、越後平野の農業生産が

旧新潟市域での特産品

いかに上がっていくか、いいものを作り出していくかというのが、政令都市にとっても大きな課題であり、一つの進むべき道ではないかと思います。そして、そこに水を配っているのは実は信濃川だということで、信濃川の治水や利水をいかにうまくするかというのが非常に大事なことです。ご承知のように川の水というのは反復利用です。西川の水だって、あちこちの田んぼで使った水がまた西川に流れてくる、それを下流で取って、また田んぼに流すという反復利用です。そういう相互依存関係にあります。今度は政令都市ということで、一つの政令都市の中で調整ができる。意思決定が単純化されているわけですから、そういう意味では合併をした成果があるのではないかと思っています。

これは古いデータで恐縮ですが、旧新潟市の名産品の産地を図面にしたものです。これは今度、越後平野全体に広がりますから、白根の果物だとか巻の柿など、あちこちでいろいろなものが加わってくるわけです。そういった、日本に誇る新潟の名産品が、この政令都市の中にたくさん出てくるわけです。ル・レクチエもありますし、そういったものを並べて、市民がこれを支援しようという形になると、いいまちに発展していき、大きな生産力を生み出すのではないかなと思います。

冒頭の図面に戻りましたが、これだけの広がりを持った越後平野です。この中で我々は協力し合っていいまちをつくろうという合併ですから、途中の段階ではいろいろな苦労もあると思いますけれども、力を合わせて、明治時代の人の大構想に負けないようにする。政令都市になるということは、大河津とか沼垂との合併に勝るとも劣らない大事業だと思うのです。それを後世の人にも、合併して政令都市になってよかったなと言っていただけるようなまちにするかどうかは、今生きている我々の仕事ではないでしょうか。平成の人たちは偉いことをやってくれたのだと、思えるようにしなければいけないと思います。

鈴木　歴史から始まって、将来への展望までを含めてお話を伺いました。川だけではなくて、潟や海も含めた魅力を生かしていく。そこに川が育んでくれた農産物、食や花の魅力も取り込みながら、水辺の都市と川が育んだ生産力というものも合わせ、魅力的なまちにしたいというお話だったと思います。

来年度からは単に信濃川だけではなくて、一本の水系でつながれている上流の千曲川、その

新潟都市圏域図

連携の中で、さらに広がりのあるお話をしていきたいという構想をお持ちだと伺っています。信濃川の恩恵も、それから信濃川の苦しさも一番知っている新潟のまちに育ち、そのまちの行政をあずかった人として、今後の、信濃川全体を生かした地域づくりや交流のあり方について、ご提言があればいただきたいと思います。

長谷川

私どもは信濃川によってつくられた平野に、まちをつくって住んでいるわけですけれども、川を守る、あるいは川を治めるということに、水系一貫という言葉があります。水の系統、水系というのは、一貫して治水をしていかなければいけない。水の利用も水系全体の中で考えていかなくてはいけないことだと思うのです。そういう意味で、最上流の地域の人たちと最下流の我々も含めた全体の中で、信濃川はどうやって守っていこうか、どうやって利用していこうかということを議論する場ができると、非常にありがたいことだと思います。それは当然、為政者だけでやるのではなくて、市民の皆さんにとっての信濃川ですから市民を巻き込んで、皆さんにもそれに深い理解をして、協力してもらうという世論づくりができれば素晴らしいことだと思います。先ほどもちょっと申し上げましたけれども、新潟は信濃川の水の反復利用水を使っているわけです。反復して、長野県で使った水が下水を通って川に出てきたものを長岡で使って、またそれを新潟で使ってと、反復して利用しているわけです。ですから、上流を含めて水質の保全ということについて一貫してやっていただかないと、下流側は暮らしにくくなるわけです。今、新潟は鳥屋野潟のところに高度浄水装置を造りました。二㍍もあるような炭素の層を通ってきれいな水が出て、水をボトルに詰めて売るほどにきれいな水をつくるようになりましたけれども、それを信濃川の水、阿賀野川でも使っています。今のところ水質はどんどん良くなってきつつあるのですが、これをもっと上流とも相談し合って信濃川に清水が流れるようにする。信濃川を上ってくるサケ、上ってくるアユの姿が柳都大橋のところで見えるようになれば、それは素晴らしいまちづくりにつながる。それは上流の人の協力なくしてはできません。また我々も、上流に対していろいろな意味で協力をしていかなければならない課題があると思いますが、そういう話し合いをする場ができること自体、素晴らしいことではないかと思います。

鈴木　どうもありがとうございます。せっかくの機会ですので、講師の長谷川さんにご質問やご意見があれば二、三お受けしたいと思うのですが、いかがでしょうか。

会場　中身の濃い、感銘深いお話をありがとうございました。大河津分水の重要性も、よく理解できました。大河津分水には桜があり、先ほど先生のお話の中でも堤防と桜の木との関係のお話がありましたが、あそこでは桜を守る会というのがありまして一生懸命にやっています。しかしその桜が堤防に悪い影響を及ぼすことはないでしょうか。大河津分水が破堤した場合には、新潟はこの会場付近も全部湖になるわけです。私は大河津分水のすぐそばに生まれ今も住んでいるのですけれども、わが家は真っ先に水の底に沈んでしまいます。それを非常に切実に感じているのですが、堤防と桜の木との関係について、もう少し詳しく教えていただきたいと思います。

長谷川　会場に大専門家がおられましたので、五百川清先生、お願いします。

五百川　この三月まで信濃川大河津資料館の館長をしておりました五百川でございます。今のご懸念は、資料館の講座でも話題になったことがありました。ご指摘されたとおり大河津分水路には桜がありますが、これはやすらぎ堤と同じで、埋め立てした外側のところに桜の木が移植されているのです。加治川の堤防のように、治水機能に影響を与えるような植樹ではございません。今、燕市当局も長岡市と一体になって桜の堤防づくりを進め、今後はさらに若木が植えられて、十年ぐらいするとかつての華やかな分水路の桜の名所ができる。しかも、今度は安全で安心してやれるということで、大河津分水路の桜に関しては、そういう心配がここ数年の工事によって一切取り除かれたということで、ご安心いただけるのではないかと思います。

一つ私から質問があります。先ほどの長谷川先生のご講演で、新潟駅の改修というのは非常に大きな意味があるとのことでした。これについては、無駄な公共工事という観点でのご批判もあると新潟日報紙上の記事にも出ておりますが、新潟市の発展の基軸は、一つは越後平野の長岡、新潟枢軸というものが、越後平野の発展の大きな軸になっているわけです。たまたま長岡藩領であった新潟ということで長岡の城下と結ばれまして、そして信濃川水運、さらには新幹線に至る長岡、新潟の枢軸が、新潟の越後平野の発展のための大きな軸になる。それから新潟市域でいえば、砂山から信濃川に向かい、そしてさらに新潟の市域を拡大するために信濃川に大河津分水による埋め立てが行われ、そして橋が架かった。萬代橋の持っている意義は、そういう点があると思います。

ところが、越後平野全体へ市域が広がりますと、さきほどの資料館講座もそうでございますが、今の新潟駅は、かつての信濃川のように新潟の発展をはばむ巨大な壁をつくっているという現況があると思います。そういう意味でいえば、ぜひ、在来線を高架化して南北を貫いて万代方面から鳥屋野潟に向かい、さらに亀田郷に向かい、新津に向かうという、いわば次の信濃川講座に関連するのですが、かつて明治の先人が信濃川だけを問題にしないで二つの大河〝信阿〟両大河を問題にしたという発想が、これからも政令大都市・新潟の構想にあってしかるべきですし、そういう意味で市民の皆さまが砂浜から、やがて今の白山島、寄居から白山島に下りてきて、さらに萬代橋を架けて、今まで新潟と呼ばれていなかった土地が東新潟と呼ばれるようになった。さらに先に、今の障害になっている新潟駅の存在を大きく変革すると、こういう工事は決して新潟市の将来にとって無駄ではなくて、後に続く人たちに大きな発展への希望を持たせる工事であるという意味で理解するときに、ぜひ、信濃川自由大学が阿賀野川を含めた政令・新潟市にふさわしい、スライドにあった都市圏域図のなかの白く広がっている区域を、緑の田園という形での新たな大都市・新潟の建設につながるという意味でも、新・新潟駅の改修を単なる無駄な公共工事という意味だけで理解されないような、そういう発展構想の下にお考えを、長谷川先生からさらなるご尽力をいただければと思います。そういう意見を付け加えて、どうも失礼いたしました。

長谷川　ありがとうございました。

会　場　今、五百川さんのお話で、大河津分水路には確かに桜の木は古い木はそのままにしておいて、新しい木を少し離したところに植えつつあります。いってみれば、今までやっていたことは、誤りだったということで植え替えている。前に植えていた時は、やっぱり危なかったと。ソメイヨシノは寿命六十年ということで、もうほとんど老木化しておりますけれども、それだけに根っこの方はどんな状況か。この間も水が上に上がってきて、もう少しで破堤しそうになったのですが、あの状態が長い時間続くと、堤防の下の方が軟らかくなってくるわけです。危険がさらに増すのは、老木の根っこだと思うのです。そういうことからいうと、確かに五百川さんからお話があったように古い木がなくなっていって、新しい木に今変わりつつあるのですが、今は途上ということで、まだまだ危険な状態が続いているということを意味するのではないかなと、ちょっと付け加えておきます。心配です。

長谷川　貴重なご意見があったということで、河川担当の方々にもお伝えしたいと思います。ありがとうございます。最後に、私から一言だけ言わせていただきます。

鈴　木　水というのは、よく命の象徴だといわれます。人間の身体も九十パーセントぐらいが水です。もう一つ象徴しているのは、水というのはつながり、かつて海運も水運も含めて水上輸送というのがその中心になったし、最近よくいわれる森が海を育てるとか、海が森を育てるというのも、川の流れる水を通じてサケが上っていったり、山や森の養分が下っていったりということで、きっと水というのはつながりという意味での象徴でもあるのだろうなと。ですから、こういう多様な機能を生んでくる。これまで、新潟県内の信濃川流域ということでお話をしてきましたけれども、それをさらに長野に延ばし、先ほど長谷川さんがおっしゃられた水系一貫といいますか、水を中心に人と人がもっとつながっていこうと、その中から新しい価値観とか生き方というものを考えていくことができたらいいなと思っています。新潟というまちの名前が初めて文献に登場した時は、さんずい偏の潟ではなくて、新しい方向の方という字を使い、「新方」と書いた。新しくできていくまちだという意味合いもあったのではないか、という説もあります。これまでの講座で信濃川を考え、さらに他地域との連携をしていくことで、新潟がこれから政令都市として発展していく新しい方向性みたいなものが、考えられたのではないかと思っています。

特別寄稿「源流を訪ねて」

～信濃川自由大学課外授業～

新潟日報社編集委員　鈴木　聖二

「源流」「水源」というが、物事の始まりを表す「源」という文字、そして「みなもと」という読み方も、それだけで川の流れの始まりを示している。

水に恵まれた日本人は、水辺の「豊葦原」を拓《ひら》き、「みず穂」の実りを手にしてきた。長い歴史の中で培われてきたその感性が「源」という言葉に凝縮されているようだ。

物事すべての大本に「水」があるという感覚があるから、人は人生を川の流れに例えたりもする。だからだろう、「源流ツアー」などという言葉を聞くとどうしても心の奥底がくすぐられてしまう。しかも相手は日本一の大河、信濃川である。同じ気持ちを持つ人が多いのだろう。このツアーに参加した三十人余りの表情は、普通の観光旅行とはひと味違う期待に輝いているようだった。

母のふるさとへ

信濃川の魅力と私たちの暮らしとのかかわりを学んできた「自由大学」の講座で感じられたのは、信濃川は新潟の大地そのものを生み出し、そこで生きる人たちの生活を支えた文字通りの「母」であるということ。であるなら、底知れぬ優しさと厳しさを併せ持つその母のふるさとをなんとしても訪ね、全体像を知りたい—。そういう思いから、このツアーは企画された。

八月五日早朝、信濃川河口のまち、新潟市をバスは出発した。目的地ははるか、三百六十七キロ先だ。本来ならばボートで流れを遡るというのが源流ツアーのあるべき姿かもしれないがその時間的余裕はない。高速道路をひた走り、バスは最初の目的地、飯山市に到着した。

このツアーは源流、甲武信岳《こぶしたけ》を極めるだけでなく、長野県で千曲川と名を変える信濃川上流について学ぶことも目的だ。着いたのは「菜の花公園」という小高い丘陵。そこからは、千曲川とその支流樽川の合流地点を見渡すことができる。その一帯を含む新潟県境にかけての千曲川下流部は洪水の常襲地帯だという。

長野盆地から飯山盆地への境目、そして飯山盆地から下流の新潟県境は、他の地点では千メートル以上あった川幅が二百メートル足らずへと急激に狭まる狭窄部《きょうさく》となっている。

飯山菜の花公園から千曲川を望む

県境の最も狭い「戸狩の狭窄」と呼ばれる地点では川幅は百二十㍍にすぎない。そのため集中的に雨が降ると流水をさばききれず、どうしても上流部があふれてしまうのだ。

「戌《いぬ》の満水」と呼ばれる寛保二年（一七四二）の大洪水では、死者が二千八百人に達したという。洪水は繰り返され、近年でも昭和五十七年（一九八二）と翌年の連続で、それぞれ六千戸余りが浸水するという大洪水に見舞われている。その後、河川改修が進められたものの、平成十六年（二〇〇四年）には三百戸余りが浸水。ツアーの直前の梅雨豪雨（七月）でも浸水被害に見舞われたという。

治水のネック

説明に当たった現地河川事務所の職員が見せてくれた資料には平成十六年水害の様子を同じ菜の花公園から撮影した写真が添えられていたが、目の前の青々とした平原はどこにもなく、盆地全体が濁流に覆われた巨大な湖となっていた。

中越震災後、新潟県の災害史を調べていたとき、信州の大水害で上流からたくさんの人馬の亡骸が流れ着き、それを弔ったという江戸時代の記録を読んだ記憶がある。越後平野の低湿地も水害常襲地ではあったが、こうしたことで上流信州の惨事にも思いをはせていた。

いま、より情報の発達した時代に生きる私たちだが、長野側のこうした事情にどれだけ関心を寄せているだろう。同じ水系に暮らしながら、隣県の水害ニュースに接してもどこかよそ事のように感じていないだろうか。それだけ私たちの意識が川から遠ざかっている証しなのかもしれない。

長野側には狭窄部を拡幅し、抜本的な水害防止を図りたいという悲願がある。だがそれに着手するには大きな壁がある。千曲川を洪水の危険にさらしている狭窄部によって、実は信濃川が守られているからだ。

もし、これがなければ広大な長野県の半分以上を占めるという千曲川流域に降った雨は、一気に信濃川へ流れ込む。それをせき止め、少しずつ流すというダムの役割を狭窄部が果たしている。千曲川の水害の抜本的対策には、大河津分水の強化などを含む一ランク上の信濃川治水策が不可欠なのだ。

いつか、同じ水系に暮らす運命共同体として新潟、長野両県が話し合う時期が来るのかもしれない。そんな思いを巡らせながら菜の花公園を後にした。

古城のほとりで

次に訪れたのはもう少し上流、長野市南部の真田氏の居城松代城（旧海津城）だ。武田信玄と上杉謙信による川中島の戦いの主要な舞台であり、信玄の軍師山本勘助はここで妻女山にこもる上杉勢を奇襲で平地へ追い出し包囲する「きつつき戦法」を進言。それを謙信に見破られ敗北、最期を遂げている。

この城は千曲川を天然の堀、そして物資の輸送路として使うため、川のほとりに造られた。しかし、水害に悩まされることが多く、「戌の満水」後、河道を五百メートル以上城から離して付け替える大規模な「瀬直し」が行われたという。水から恩恵を受けつつ、その猛威への対応に追われたのは農民だけではなかったのだ。

そうした歴史を知ってか知らずか、昔の河道跡の低地に真新しい団地が造成されていた。治水技術が格段に進んだとはいえ、いったん本堤が切れれば屋根よりも高い水がしゃれた家並みに押し寄せそうにも思える。

城跡で「かつて洪水は、この石垣の内側まで達した」などの説明を聞き、その前には菜の花公園で、現状でも水害の危険が去っていないという話を聞いた直後だけに、怖さを忘れてしまったかのような現代人の感覚がいささか心配になってしまった。

ここまでで初日の「学習」は終了。バスは小諸から佐久平を越え、千曲川源流、その名も川上村への百キロ近くをひた走った。川上村は日本で最も標高の高いところを走るＪＲ小海線の最深部に位置し、村の全域が標高千百メートル以上だ。全国一のレタス生産を誇る高原野菜の村としても知られている。

村の中央を流れる千曲川は、ここでは川幅二十メートル足らず。大きな岩の間を釣り人が竿を手に歩く。すでに渓流の趣だ。この村の民宿で一泊。明日はこの流れが一本の線となり、点に消える源流を目指す。

深い緑に包まれ

翌六日、午前四時すぎに起床。一行はあわただしく朝食を済ませ、標高千四百六十メートルの毛木《もうき》平《だいら》へバスで向かう。ここからが本番だ。

歩き始めた登山道は、千曲川の流れと付かず離れず徐々に高度を上げていく。川の流れが見えなくなることはあっても、せせらぎの響きが途絶えることはない。豊かな流れがそこにあることを、常に感じさせてくれる。

水源までのほぼ中間に、巨岩の上を流れが滑り降りる名所「滑滝《なめたき》」がある。そこでの小休止を終えたあたりから周囲の景色が次第に変わってくる。

　ブナやシラカバの梢に濾過されて注ぐやわらかな日差し。そしてそれを受け止める大地や倒木を、コケのビロードが一面覆い尽くす。めまいがするような深い緑にすべてが包まれている。伸ばした指先まで緑に染まるようだ。ここでは川だけでなく、山全体が豊かな水をはらみ、大気を湿らせている。それがこの幻のような風景を生み出しているのだ。

　翡翠の勾玉に象徴されるように古代の日本人は、緑色を永遠の生命の象徴として尊んだ。その思いが時を超えて直に伝わるようだ。命の源である水と緑は一体だという当然のことが、ここでは体で感じられるのだ。

　せせらぎの音が途絶えていることにふと気づ

朽木にびっしり生えたコケ

くと、そこが水源だった。「信濃川、千曲川水源地」と書かれた大きな標柱の傍らを谷筋へ下りる。想像していたのは雫がぽたりぽたりと落ちるような光景だったが、そこにあったのは、木の根元、砂利の隙間、河床からわき出す泉の「群落」だった。

豊かな湧水は、たとえ日照りが続いたとしても枯れることはないのだろう。あっという間にせせらぎとなり、木漏れ日をきらめかせながら三百六十七キロの旅の第一歩を踏み出す。日本一の大河にふさわしい誕生の瞬間だ。

たたずむ「母の母」

参加者はそれぞれ、清冽な水を汲みのどを潤す。最後の目的地が待っている。標高二千百五

千曲川・信濃川源流地点

十㍍の水源から急坂を駆け上り、尾根筋を歩くこと約一時間。ようやく二千四百七十五㍍の甲武信岳山頂にたどりついた。出発の毛木平から四時間余りの行程だった。

甲州（山梨）、武州（埼玉）、信州（長野）の三国国境にそびえることから名付けられた名峰。案内の山岳ガイドは「どんなに天気のいい日でも、この三国のどれかから霧が上り山を潤す。だから山頂近くまで緑が豊富なんです」と教えてくれた。ここに端を発し、甲州へ下る笛吹川は富士川となって駿河湾へ、武州への流れは荒川となって東京湾へ、そして千曲川は信濃川として日本海へと注ぐ。「母なる大河」。その三人姉妹を産み、育てた「祖母」は、懐に尽きぬ潤いを抱いて静かにたたずんでいた。

■信濃川自由大学講座

1　地域とともに守りたい川の豊かさ、美しさ

ゲスト：本間義治氏（新潟大学名誉教授・農学博士）

ホスト：豊口　協氏（長岡造形大学理事長）

日　時：平成18年4月20日（木）18時～20時

会　場：クロス10・中ホール（十日町市）

2　自然と対峙している地域社会

ゲスト：久住時男氏（見附市長）

ホスト：鈴木聖二氏（新潟日報社編集委員）

日　時：5月11日（木）18時～20時

会　場：見附市文化ホール／アルカディア・小ホール（見附市）

3　火焔土器が伝える縄文人にメッセージ

ゲスト：小林達雄氏（新潟県立歴史博物館館長）

ホスト：豊口　協氏（長岡造形大学理事長）

日　時：6月20日（火）13時30分～15時30分

会　場：長岡商工会議所・大ホール（長岡市）

4　母なる信濃川　鳥のはなし
ゲスト：渡辺　央氏（新潟県野鳥愛護会副会長）
ホスト：鈴木聖二氏（新潟日報社編集委員）
日　時：7月20日（木）13時30分～15時30分
会　場：リサーチコア・マルチメディアホール（三条市）

5　良寛と信濃川
ゲスト：井上慶隆氏（元新潟大学教育学部教授）
ホスト：豊口　協氏（長岡造形大学理事長）
日　時：9月14日（木）13時30分～15時30分
会　場：燕総合文化センター・中ホール（燕市）

6　水都・新潟の復活に向けて
ゲスト：長谷川義明氏（前新潟市長）
ホスト：鈴木聖二氏（新潟日報社編集委員）
日　時：10月12日（木）13時30分～15時30分
会　場：新潟テルサ・大会議室（新潟市）

われら信濃川を愛する part 2

2007（平成19）年３月28日　発行

監　　　修　信濃川自由大学
（国土交通省信濃川河川事務所
国土交通省信濃川下流河川事務所
新潟日報社）

編　　　集　社団法人　北陸建設弘済会
〒950－0197　新潟市江南区亀田工業団地２丁目３－４
電話　025（381）1020　　FAX　025（383）1205

発　　　行　新潟日報事業社
〒951－8131　新潟市中央区白山浦２－645－54
電話　025（233）2100　　FAX　025（230）1833

　ISBN978－4－86132－210－5